校企合作双元开发新形态信息化教材

高等职业教育"十四五"测绘工程技能型人才培养规划教材

GNSS 定位测量技术

实训手册

主　编◎郭　涛　陈志兰　吴永春

副主编◎蓝善建　马　驰　周春枝

参　编◎李　娜　李文章　朱　涛

主　审◎吴士夫

校企合作

课　件

新形态一体化教材

微　课

西南交通大学出版社

·成　都·

后数字时代

Die Zunkunft ist smart. Du auch?

智能未来生活指南

[德] 霍尔格·福兰德（Holger Volland） 著   彭也纯 译

中国出版集团

中译出版社

图书在版编目（CIP）数据

后数字时代 /（德）霍尔格·福兰德著；彭也纯译
. -- 北京：中译出版社，2023.6
　ISBN 978-7-5001-7349-6

　Ⅰ. ①后… Ⅱ. ①霍… ②彭… Ⅲ. ①数字技术－普
及读物 Ⅳ. ① TN01-49

中国国家版本馆 CIP 数据核字（2023）第 059221 号

著作权合同登记号：图字：01-2021-5943 号
Original title: *Die Zukunft ist smart. Du auch? 100 Antworten auf die wichtigsten Fragen zu unserem digitalen Alltag*
by Holger Volland © 2021 by Mosaik Verlag
a division of Penguin Random House Verlagsgruppe GmbH, München, Germany.
Simplified Chinese translation copyright © 2023 by China Translation & Publishing House
ALL RIGHTS RESERVED

后数字时代
HOU SHUZI SHIDAI
出版发行 / 中译出版社
地　　址 / 北京市西城区新街口外大街 28 号普天德胜大厦主楼 4 层
电　　话 /（010）68359719
邮　　编 / 100088
电子邮箱 / book@ctph.com.cn
网　　址 / http://www.ctph.com.cn

策划编辑 / 刘香玲　张　旭　　　　　　　责任编辑 / 刘香玲　张　旭
文字编辑 / 赵浠彤　林　姣　　　　　　　营销编辑 / 毕竞方　刘子嘉
版权支持 / 马燕琦　王立萌　　　　　　　封面设计 / 刘　哲
排　　版 / 聚贤阁
印　　刷 / 河北宝昌佳彩印刷有限公司
经　　销 / 新华书店

规　　格 / 880 毫米 × 1230 毫米　1/32
印　　张 / 11.25
字　　数 / 200 千字
版　　次 / 2023 年 6 月第 1 版
印　　次 / 2023 年 6 月第 1 次
ISBN 978-7-5001-7349-6　　　　　定价：69.00 元

数字时代的生存指南

　　我们经常会对未来感到好奇。未来至少有两类：一种很遥远，近似于梦幻，比如幻想去太空旅行，幻想在火星生活，或者幻想出一个人人幸福美满的诗意世界；另一种则很近，正在发生，只是尚未普及。

　　《后数字时代》这本书，描述的就是那种尚未普及的未来。或者更严谨一些，它想要告诉人们，在即将到来的数字化浪潮中，我们该如何利用其好的方面，并尽量避开坏的方面。或许我的用词有些不准确，数字化是进行时，并非"将要"，所以这本书中的提示，在今天的世界已然具有强烈的现实意义。只不过，随着数字化的深入和普及，它的意义会变得更为重大。

　　数字化对人类社会的效率有着极大的推动作用，而效率一旦升级，就不会自动后退（除非发生一些黑天鹅式的灾难），因为后退意味着生活水平的降低，这是任何一个正常的社会都无法容忍的。例如，网上购票的便利会让人觉得特意去售票点排队是一件非常不可思议的事，对数字时代的人来说，火车票即便一票难求，那也是打开手机 APP 或者电脑网页，几分钟就能确认的事情。为此而耗费几个小时，甚至在寒冬中熬过一整个晚上，听起来就像是传说故事。在工业领域，数字化的好处更是无需枚举，一个效率更高的工厂能够快速地降低成本，主导市场，让其他低效的工厂无利可图甚至破产。所以数字化的大门一旦打开，则有进无退，这是市场竞争的必然结果。

在这样的时代大趋势下，人们该如何自处，该如何和这个世界共处，是一个值得思考的问题。数字化对社会整体显然是有利的，对个人则未必，尤其是考虑到特定个体，数字化可能会使得他们所面对的风险陡然增长。对一些尚未踏上数字化这趟车的人，世界会变得充满恶意：偏远地区的居民、不擅长学习新事物的老人和轻信他人的好人，一不留神就可能成为数字时代的猎物，甚至损失巨额财富。在传统环境中，受害者和加害者至少要处于同一个空间，有一些实质性的接触。在数字化时代，受害者甚至自始至终都不知道加害者身在何处，长相如何，他们只是在和一个数字环境下装扮出来的幻影打交道。

即便是顺利踏上数字化列车的人，也面临着两方面极为不确定的情况。一方面，数字化让个人的一切数据都变得易于获取。可以认为，这是为了获得便利而付出的代价。然而人毕竟是一种生物，会形成固定的习惯，也有着较为固定的喜好和需求，这对于想方设法把商品销售出去的商户来说，是极为珍贵的"情报"。商家会根据大数据来散播广告，效果比随机撒网要好得多。但对于个体来说，这是一种极为不利的情况，如果把市场看作战场，那么商家显然做到了知己知彼，而个体则处在一种被人完全看透的窘迫境地里，极大削弱了自身的议价能力。这是数字时代带给普通人的第一种不确定情形。另一方面，数字化让人们的隐私时刻处在风险之中。如果权力部门或者商业部门试图掌握一个人的行踪，通过某些特定的 APP 就能轻易做到。手机定位可以提供地理位置信息，而个人和数字世界的每一次交互，都会留下踪迹，印证自己的行为。联网的摄像头，人脸识别系统，更是让人无处遁形。在数字社会中，如果没有社会整体上的克制，一个人的隐私空间会被极大压缩。个人隐私牵涉到许多敏感问题，适当地保护隐私是一个健康社会应有的特征。在数字时代，该如何界定数据的隐私，如何界定个人数据的权利，是立法者和公众都应该考虑的重大事项。在一切尘埃落定之前，多了解一些数字时代可能发生的情形，尽可能地保护好自己的数据，保护好自己的隐私，是一个数字公民应该尝试去做的事。

这本书进行的就是这样的尝试。

本书介绍了数字时代常见的一些困境。例如家里的数字器件被黑客攻破，隐藏在人工智能背后的数据偏见，数字时代的谣言如何毁掉一个人，等等。你或许对这些有所耳闻，或许从未听说，而它们集中在一起，则呈现出数字时代的整体面貌，让我们对当下所发生的和未来可能发生的变化做好准备。

这是一本数字时代的生存指南。希望读者朋友们阅读后，能够清楚明白日益便利的数字时代背后，究竟隐藏着怎样的陷阱，时刻保持清醒，在汹涌的数字浪潮中站立潮头，而不是被拍到浪底。

阅读愉快！

江波

科幻作家

《银河之心》三部曲作者

2022 年 11 月

您已经很聪明了吗？

　　一道鸿沟出现了。第一道细微的裂痕出现在 30 年之前。随着时间的推移，这些裂痕越来越多，出乎意料地由虚空中诞生，出现在这里或者那里，变得越来越宽、越来越深。它们出现的速度也更快了。一道看得见的深深的鸿沟快速地在社会中延伸开来，直到在全球新冠肺炎疫情[①]的背景下，这种变化以地狱般的速度发展着，到了没有人能忽视的程度。

　　我所说的正是站在数字时代的赢家与身处模拟时代的输家之间的鸿沟。一方面，技术、科学、学术研究以及数字经济

[①]　中国国家卫生健康委于 2022 年 12 月 28 日宣布，将新型冠状病毒肺炎更名为新型冠状病毒感染。本书中的相关表述均与原英文保持一致。——译者注

以令人窒息的速度发展到全新的维度；另一方面，则存在着我们——有着传统共存模式，谨慎的政治生活，对于教育系统、保险制度和内燃机的信任的"模拟时代人"。

您站在哪一边？我又站在哪一边？在接下来的几年里我们将对自己提出这个问题。当我从会议的讲台看向这个人头攒动的房间时，能看到人们满是热情，谈论着数字化、"新工作"和指数式发展带来的福音，我再一次明白了这一点。这些人的未来由于科技带来的福祉闪烁着机会的光辉。饥饿的终结，劳动的终结，疾病的终结……而这些均未实现。当然——正如许多谦虚地垂着眼睛的发言人与专家在这个会议上所强调的——也会有一些职业将在通往未来的道路上发生改变。比如清洁女工、收银员以及矿工，他们在必要时将不得不承担别的工作。

"这里有矿工吗？"我在讲台上询问会议室里的人们。没有人回答。"那么收银员或者清洁工呢？"仍然是沉默，偶尔出现了一些尴尬的笑声。我转向我的两位谈话对象，在这次活动中，德国劳工部部长和微软德国的负责人坐在我旁边的讲台上。我们很快意识到，问题在于数字化影响到了我们所有人：清洁工、收银员、矿工、教师、医生、经理、政治家和程序员。它影响着我们所有人，但并不是每一个人都对此有发言权。就像本次关于未来的会议仅仅有一小部分数字化精英出席一样，社会阶层中也存在着裂痕。社会的一端是理解数字化、从中获益甚至推动其发展的赢家;另一端则是那些普通人。

对此,部长援引了"专业人员监测"的说法并解释道,联邦政府预计,到2025年将会有130万个工作岗位受数字化影响而消失。他补充说,与此同时也将由此产生210万个新工作岗位。这其实是个好消息,不是吗?部长短暂地停顿了一下。问题在于,我们没有足够的真正经过培训的人员来从事这些新兴的数字化工作。微软负责人点头以示同意。事实上在今天,由于缺少足够的专业人员,技术部门已经无法填补成千上万技术岗位的空缺。

这是多么深刻的一道鸿沟啊!有大量的空缺职位无法被填补,与此同时却还存在着数以百万计的失业者,他们的学识不足以满足未来岗位的需求。人类及其资质已经不再与数字化为未来所规划的工作相匹配了。

而新冠肺炎疫情的肆虐使这道鸿沟进一步加深了。一方面,家庭办公以及关闭的商店使得一些供应商,比如亚马逊、谷歌或者Zoom,创造了创纪录的利润;医疗卫生系统、教育系统以及大部分经济部门也迅速掀起了数字化浪潮。另一方面,突然有百万数量的短时工人失去了他们的工作,因为他们不属于数字化创造的价值的一部分:裁缝、旅店老板、机械师、厨师、销售人员、纺织工人、设计师或者建筑师。数字化将各行各业的许多团体远远甩在失败的对岸。

如果有人现在期望着，我们的下一代能做出更充分的准备，那我不得不让你失望了：根据经济合作与发展组织（OECD）在 2019 年 1 月的一项调查，德语国家中被调查的大部分 15 岁青少年依然青睐传统的工作岗位，如医生、教师或者警察，大多数被调查者看起来仍然对数字化带来的机遇和挑战并不感兴趣，以至于他们没有将其与自身任何具体的职业愿望联系起来。但是我会问自己：如果我们无法针对数字化时代进行良好的武装，谁能胜任劳工部部长所说的超过 200 万个空缺的职位呢？

因此，我们有了一项任务。包括您、我、劳工部部长以及微软 CEO 在内的所有人都对此责无旁贷。我们的任务就是填平这道沟壑。因为所有人都将生活在这个数字化的社会，因此我们也不能放弃任何人——即使是矿工。怎样才能实现这个目标呢？首先，我们应该提出大量的疑问，弄明白所有我们不理解的或者我们认为很奇怪的事情。通过这本书，我希望能鼓励您表达出自己的疑惑。我已经提前选择了我自己尤其感兴趣的大约 100 个问题，而这只是为了邀请您不断深入探索并提出新问题的抛砖引玉。提出您的问题吧！专心研究这个数字化的世界，尤其是其中您最感兴趣的部分，以此来帮助消除在观念上仍处于模拟时代的大众和已进入数字时代的先驱之间的差距，甚至将他们带到鸿沟的另一边。

因为所有我们在职场上看到的变化，都能在社会的各个领域中看到，不管是政治、医疗卫生系统或者日常生活。一部分人善于应对这些变化，凭借其在数字化方面的才能，越发迅速地推动发展并提供各式产品和服务。也有另一群人，对数字化变迁犹豫不决，不甚理解，或者因为数字化对他们来说过于遥远而选择忽视它。根据德国信息技术、电信和新媒体协会（Bitkom）的调查，在德国，六成的被调查者从未听说过"区块链"这个名词；几乎一半的人不知道"量子计算"是什么；至少四分之一的人在谈到"大数据"时耸耸肩膀表示对此一无所知。但是我们也不难理解这些无知的人们：当你不能从亚马逊订购量子计算机，在学校里不会学习大数据这个科目，也不能在银行买到区块链货币时，人们要怎么理解这一切呢？

七分之一的德国人都觉得数字化的进程太快了，以至于跟不上它的步调。造成这种情况的原因之一是科技公司仿佛长期游离于我们的社会之外，不用缴纳税款；他们也没有向任何一个政客或者普通民众解释清楚，他们到底是怎么赚钱的。

因此我很能理解德国人对此的犹豫。目前的情况一片混乱，甚至可以说是荒谬的。一方面，数字化作为解决气候危机、疾病和饥饿的未来主义方案被出售给我们，同时卖家还承诺其经济前景非常广阔；另一方面，我们也被警告，要对数码痴呆症、数字公司的压倒性优势以及在监视资本主义中个人状况的完全透明化保持警惕。在抽象的宏观经济理论或者奇异的数据模型中永无止境地研究数字化各个领域的专家学者们几乎每隔一个小时就会发表新的研究成果和出版物。在这种情况下，人们应该相信谁呢？

在这夹缝之间生存着我等普通人，我们拥有脸书（Facebook）个人主页，观看油管（YouTube）视频或者使用抖音（TikTok），也利用谷歌地图寻找路线，或者用 Alexa（亚马逊旗下人工智能助手）预订披萨。谁能够为我们解释科学呢？谁来告诉我们，什么是对的，什么是错的？我们是否可以因为能够将这些应用软件轻松地融入自己的日常生活就沾沾自喜？当我们不得不支持大肆掠夺资源却逃避缴税的数字化公司时，我们必须为此感到羞愧吗？

数字化非常复杂。它对世界的影响是如此错综复杂，以至于即使是美国国会也未能通过对马克·扎克伯格（Mark Zuckerberg）的调查全面探索清楚，脸书究竟是如何对我们的日常生活产生影响的。举办研讨会是远远不够的，对数字化公司全部力量的考查，需要经年累月的研究和浩如烟海的书籍资料来支撑。对这一领域进行概述并不容易，因为专家们通常会在与普通人的日常生活完全脱节的场景下传授高度复杂的技术现象。许多政治家也表现得好像技术是一种神秘莫测而难以理解的力量，它可以独立于我们日常生活之外，独立解决问题并塑造世界。不少企业由于迫切希望增加股东价值而将数据转化为听起来简单有用的产品，然而实际上这些产品却是不透明、不人道的。

非专业人士对此应该如何看待？我们如何才能确保我们不会与重要的发展擦肩而过，最终跌入数字化进程中失败的悬崖？

答案非常简单：我们不断地提出问题，直到我们对答案感到满意为止。因此，这本书中的大部分问题，都来自本次会议中勇敢的人们，他们或是在会议中当众提出问题，或是在会议后找到我，或是给我发信息。我把所有的问题收集起来，并将它们分门别类到九个涉及我们所有人的生活领域：我们的居家生活和休闲时间，这其中会使用到很多数字产品，我们必须明智地辨别出其中哪些是对我们真正有意义的，哪些反而甚至会伤害我们。出行、工作、教育以及医疗要求我们承担越来越多的个人责任，但同时也给我们提供了获得更多知识、保持健康以及提高生活质量的宝贵机会。还有法制、经济和政治，其中正在制定的规则、程序以及法律将会对我们的未来产生巨大的影响。我们必须了解它们，才能有意识地作为独立的主权公民来生活（以及选择！）。

在写作这本书时我注意到，所有生活领域是如此紧密地交织着，它们通过数字化联系在一起。因此，读者会在这本书中频繁地遇到一些非常基础的现象观察：比如硬件被软件所取代，比如拥有数据的人会率先拥有权力，再比如自我管理是数字化社会中最为重要的关键技能之一。

最后，本书所有涉及的主题都围绕着一个非常私人的大问题："数字化的未来将如何影响我们的私人生活？"通过新冠肺炎疫情危机，至少有一点是显而易见的：没有人可以无视数字化前行。正因如此，它是我们每个人都会涉及的问题。

我坚信，数字化不应让任何人被时代丢下。我们必须尽一切努力，确保没有人处于失败的一方。我们必须通过我们所提出的问题向所有人传授数字化的知识。作为用户的我们必须变得更聪明，不再只是下载那些愚蠢的软件，看广告、购买产品。因为只有当我们拥有了更多的技术知识，我们才拥有自由选择的权利，判断哪一些科技能让我们走得更远，哪一些会阻碍我们，哪一些会操控我们，哪一些能增长我们的知识，哪一些能让我们走向数字化的胜利一方，或者哪一些让我们成为行尸走肉般的"点击牛"，只知道无意识地点击一个个广告，却因此使科技公司获得了巨额利润。

近年来，我们将发展这件事交给了技术专家和企业，但从来没有被问过是否愿意如此。我们日复一日地被一些免费服务窃听，耸耸肩接受了现实：数字化的发展日新月异并且纷繁复杂。但是数字化是非常人性化的，并且需要我们对此集中全部注意力。我们可以有意识地使用、塑造、调节它们，使之成为我们的优势。因为即使是科技公司也必须与框架原则保持一致，而这个框架正是我们用户、政治家或者股东为其定义的。是时候让我们人类来征服数字化的生活，按照我们的想法和我们自己的利益来塑造数字化的生活了。当我们认识到数字化已经如何深深嵌入我们的许多生活领域时，才能更好地实现这个目标。由此，我们从您现在可能坐着的地方——起居室——开始本次旅程。

目　录

01
CHAPTER

居家生活：
数量众多的新型同居者

我的电视知道我在看什么吗？　003

还有谁住在这儿？　008

智能电灯会招来窃贼吗？　011

为什么万物需要自己的互联网？　015

为什么人工智能仍然如此愚蠢？　017

当我点披萨时，有谁听到了？　021

房东可以拍摄我吗？　023

我的扫地机器人在工作时看到了什么？　027

最好的密码是什么样的？　030

谷歌搜索一次需要用多少电？　033

02
CHAPTER

数字生活：
我们都是自己数据的产品经理

为什么我是一个产品？　039

超市收银员知道了我的哪些数据？　043

使用苹果手机预订旅行时，我是否会支付更多的费用？　047

通过软件我是否更容易觅得爱侣？　051

我可以相信在线测试吗？　053

我的数据值多少钱？　058

为什么我们不远离社交媒体？　059

我在一个过滤泡沫里吗？　062

社交媒体可以对我进行审查吗？　066

网页上有秘密的操控技巧吗？　069

我们的智能手机在偷听吗？　071

为什么我们会接收到如此糟糕的广告？　075

03
CHAPTER

移动性：
软件变得比硬件更重要

汽车只能以预订服务的形式存在吗？　083

如果我超速，汽车会告发我吗？　085

当自动驾驶汽车发生事故时，谁应该对此负责？　090

未来谁还需要驾照？　092

智能汽车是如何看到我们的街道的？　095

如何阻止黑客进入我的汽车？　098

谁开车开得更好：人还是机器？　100

为什么谷歌地图如此出色？　103

车辆有学习过吗：它是否最好绕开老奶奶和小孩行驶？　106

教育与文化：
无数的机遇与最大的个人责任

数字化会损害文化吗？　113

未来人们会在哪些方面仍然胜过机器？　116

为什么许多互联网亿万富翁都辍学了？　120

谁在数字教育方面落后了？　122

算法可以预测试题吗？　127

我们每个人都必须学习编程吗？　130

机器人可以照顾孩子吗？　134

我如何在数字化职业生活中保持精力？　136

我什么时候可以买一台量子计算机？　138

硅谷创始人怎么养育他们的孩子？　140

计算机是怎么学习的？　144

机器什么时候会超越我们？　147

存在互联网档案馆吗？　151

05
CHAPTER

对 与 错：
我们的偏见依然存在

人们可以教会机器道德吗？　155

人工智能会像法官一样公平地对待我吗？　158

什么是数据歧视？　161

为什么我们都会被假新闻蒙骗？　165

假新闻会造成什么损失？　168

毁掉一个人的名誉要付出什么成本？　170

我们为什么需要黑客？　173

为什么语音助手总是女性？　175

我从何得知我是否在与一个机器交流？　178

如何避免网络上的假朋友？　183

为什么每个人都能在网络上辱骂？　185

我可以把算法当作造假者来使用吗？　188

健康：
每个人都是自己的医生

电子医疗如何改变医疗卫生事业？　195

什么时候我的医生会给我开一个程序？　199

如果我佩戴了健身追踪器，我会变得更健康吗？　204

数字生活会导致痴呆吗？　206

算法是否能比我的医生更可靠地检测出皮肤癌？　208

Instagram知道我是否沮丧吗？　211

软件可以取代精神科医生吗？　214

算法如何帮助残障人士？　218

为什么技术没有警告我们新冠肺炎疫情？　221

您有数字遗嘱吗？　224

人们可以上传大脑吗？　227

职业：
还有两种工作形式：你管理机器
或者机器管理你

接下来会发生什么：技术工人短缺或者数字化失业？　233

人工智能会在未来接管我的工作吗？　238

人们还可以作为网红赚钱吗？　241

谁在亚马逊上撰写产品说明？　245

数字工作者有自己的工会吗？　248

未来我们都会在家里工作吗？　250

算法会观察我们工作吗？　253

人们在工作的时候也能观察算法吗？　258

我要如何糊弄一个负责招聘的人工智能？　262

我的雇主可以审查我的社交媒体活动吗？　268

08
CHAPTER

经济：
最重要的任务是调控好
不同的发展速度

为什么数据被称为新石油？　273

科技巨头是如何瓜分世界的？　277

5G有什么特别之处？　279

人们能够删除互联网吗？　282

数字革命何时真正结束？　285

德国一觉错过了未来吗？　288

德国擅长哪些未来技术？　290

我们会与人工智能财政部部长一起节省税收吗？　293

为什么数字公司几乎不向我们纳税？　297

亚马逊靠什么赚钱？　298

脸书消失会给我们带来什么？　301

政治：
政治落后于网络资本主义

在数字化方面，政治是否仍然落后？　309

有一种欧洲特色的数字化道路吗？　312

即使戴着太阳镜，监控摄像头也能认出我吗？　315

算法到底是怎么认出我的脸的？　317

为什么我们还不能在线选举？　321

为什么最近我在每一个网站都必须输入OK？　324

我们需要一个联邦数字化事务部吗？　326

现在还存在没有互联网的国家吗？　330

致　谢　333

居家生活：数量众多的新型同居者

数量众多的新型同居者

01

CHAPTER

我的电视知道我在看什么吗？

　　工作终于结束了。我穿上舒适的运动裤，把脚放在茶几上。一碗薯片就放在我旁边，红酒也触手可及——和我一起度过这样一个美妙的夜晚！我这样瘫在沙发上，看一部没头没脑但足够娱乐大众的电视剧，很开心我不用表现得端庄稳重，因为只有我一个人在家里。

　　但是，如果我知道这个家里并非只有我自己，如果我知道我的智能电视机，其实像我对它感兴趣一样正在饶有兴致地注视着我，我还会像这样毫不在意吗？在大多数人家的起居室里，电视机已经成为一个家庭的娱乐中心，人们用它播放音乐，与身在远方的家人们聊天，使用带有详细分解视频教程的瑜伽软件，当然，还有玩电脑游戏和看电影或电视剧。已经很少有人只在电视上播放传统的电视节目了。而为了实现所有的这些新功能，必须在电视机中置入摄像头、麦克风或者运动传感器。这些装置提供视频通话、互动游戏或者语音控制功能。然而，在这个过程中，许多它们所看到和听到的也被记录下来，甚至可能是一张我躺在沙发上，肚子上放着一碗薯片的照片。

即使是没有附带这些传感器的旧设备也有可能是对我们感兴趣的观察者。它们并不是通过它们的"相机眼睛"来认识我们，而是通过记录显示屏上出现的内容，我们看了多长时间或者这些内容是来自哪些源头和程序。这些信息随即被它们发送给电视机制造商和那些在电视机上安装了应用软件的公司：比如网飞（Netflix）、油管、亚马逊等。

企业收集这些信息是为了干什么？如果你花时间仔细阅读电子设备和应用软件的使用条款，你就会发现一些诸如"为我们的客户提供更好的服务"或者"为了内容的提供所必需的"等相当含糊不清的解释。在这背后，它不仅隐藏着个性化推送，例如根据我们的个人资料为我们提供合适的电影及剧集观看建议，它同时也隐藏着针对性的广告投放，这些广告越来越频繁地在设备启动的瞬间就出现在用户眼前。最重要的一点是，这些数据还会流向我们现有的用户个人资料中，例如我们在类似于油管这种公司中的个人资料，而油管属于谷歌集团的一部分。因此，如果广告商通过我的电视发现我喜欢看瑜伽视频，那么第一批运动 T 恤和瑜伽垫的广告毫无疑问会很快出现在我的手机上。

电视机制造商并没有事先向消费者进行说明，就把他们收集到的用户观看习惯的数据出售给广告商和数据收集者，他们也因此受到批判。当然，使用条款里肯定会有一些相应的说法，但是，大部分人并不清楚数据传输的范围有多大，而随着他们继续使用一个新的服务、一个新的程序软件，这些数据会被进一步地持续传播。除了带有可用程序的应用商店之外，HbbTV（混合广播宽带电视）等附加功能也被用于进行数据收集。例如，这个功能可以通过按下遥控器上的红色按钮来显示一些附加内容。从技术角度来看，这意味着将网页加载到电视上，而我们在电脑上加载出来的网页中包含的多种信息，可以在电视和电脑之间进行双向传输。现代电视机绝不仅仅是电视信号的单向传输媒介，相反，它们已经是完全联网的、具有大范围数据输入和输出的计算机了。

然而，迄今为止，大多数人对于电视数据安全的关注远不如他们对计算机数据安全的关注。因为如果人们购买了这样一些电子设备，就必须自己主动做好数据保护——而操作说明却缺少这方面的详细信息。对于电视机制造商来说，数据交易显然已经成为一项利润丰厚的业务——更重要的是，由于这个原因，接下来的几年，电视机的价格有可能会大幅下降。我们家里现有的智能设备亟需解决的一个问题，就是如何保障我们的隐私。在一次采访中，来自巴伐利亚数据保护监督办公室的安德烈亚斯·萨克斯（Andreas Sachs）明确表示："一旦智能电视连接到互联网，大多数设备的使用就不再可能是匿名状态了。"

除此之外还有第二个更大的安全问题：黑客。现如今，一台新的电视机一安装就会立刻连接到互联网、电缆信号或卫星信号。许多设备会立刻自启动，开始更新信息和软件——甚至是在用户手动设置隐私保护之前。在设备与制造商的家庭服务器第一次连接期间，这些设备通常没有任何保护措施地在网络上传输其唯一的标识号、IP 地址以及网络信息，而通过这些信息可以清楚地识别出设备的位置。不仅是巴伐利亚数据保护监督办公室，甚至消费者权益保护中心和质量监督管理局也认为这是一个很大的问题并曾因此起诉三星等制造商。按照消费者权益保护中心的说法，作为电视观众和设备使用者，不管是使用硬件或者是程序服务，您都必须保护您的个人数据并使其免受黑客的攻击。然而，过去的事实表明，几乎没有任何一家公司能够完全成功地避免数据泄露、数据盗窃和软件攻击。通过著名的维基解密文件我们得知，情报机构入侵了一台三星F8000 智能电视机，导致其在关闭时，仅仅是看起来被关闭了。与之相反，这台电视机进一步使用内置麦克风对用户进行窃听。甚至联邦调查局也建议我们在自己的起居室里采取具体的安全措施。如果我想防止自己或者家人坐在沙发上的照片、私密的通话、恋爱中的蜜语，当然也包括一些关键信息，如我的WLAN名称和位置，网飞、亚马逊或者油管的账户信息落入他人之手，那么我必须自己也采取行动。

如果您也想阻止这一切，那么请您准备好深入地研究其设置选项，深入到您以前从没有注意过的那些菜单项。制造商在这方面给我们设置了不小的障碍。您要做的第一件事情就是在电视设置中查找出所有可能收集数据的选项并将其关闭。它们隐藏在例如"推荐服务"或者"同意个性化"等菜单项的后面。请您仔细考虑，哪一些来自第三方（如油管、亚马逊和其他公司）的游戏、软件或者服务是您真正想在设备上使用的，然后请您删除其他所有您不想使用的内容。紧接着是安全性。如果在其他设置中预先设定了诸如"0000"之类的密码，请您无论如何都要进行更改。除此以外，您还应该仔细查看电视机的职能范畴，内置了哪些传感器、摄像头或者麦克风，认真检查您是否甚至用肉眼就能看到它们。如果您根本不想使用这项技术，或者并不确切知道它的用途是什么，请您将这些探测设备用胶带封起来，或者至少通过菜单关闭硬件的使用以及不需要的网络服务。最后请您确认，电视机的操作系统是否是最新版本。许多制造商通过更新软件来纠正严重的安全缺陷。如果您还属于只用电视机看电视节目的稀有物种，那么如果可能，请您移除网线或者 WLAN 接口。这绝对会使您处于最佳的被保护状态，即使这样会使您成为稀有品种。

如果这些都没有吓到您，您还想以完全联网的方式使用设备的功能，那要怎么办呢？那么至少把您的脚从桌子上放下来吧——毕竟您正在被监视着。

还有谁住在这儿？

几乎一半的硅谷产品都被我朋友搬进了家里。亚马逊住在走廊，苹果铺在客厅，谷歌占领了厨房。亚洲室友也不算少见：三星正在沙发前休息，小米是夜猫子，白天它睡在扫帚柜里。这些室友中的大多数都拥有这所公寓大门的钥匙。我已经不太认识一个没有联网的家了。也许我父母那儿没有联网的可能性最大。但当我进入我想象中他们的房间时，我立刻注意到了一个入户走廊里的无线路由器。它立在一个带有抽屉的柜子里，里面还躺着一个我淘汰的 iPhone，现在我的父亲正在用它。我快步走进卧室环顾四周，房间里有一台老旧的电视机，但是它也连接了网络供应商提供的智能电视盒子，后者又通过 WLAN 连接到了路由器上。在厨房里有一台收音机，冰箱除了制冷也干不了别的。我们继续走上二楼，二楼有一台笔记本电脑，我父母用它来处理电子邮件或者时不时预订一次旅行。这就是我父母家里全部的网络技术了。一个路由器、一个机顶盒、一部智能手机、一台笔记本电脑。没有可以控制的电灯、联网的冰箱、智能电视、自动割草机或者可以与手机通话的牙刷。但是即使是我父母这样相对"模拟时代"化的家里，数字化的大门也对来自世界各地的室友们大大敞开着。因为这正是智能未来的一个重要标志：没有人能够再独自在家。

但是这样也挺好的，不是吗？因为通过这些联网设备，我们可以将自己的生活与外部世界联系起来。每一款附带了联网功能的科技产品，都将在启动之后为浩瀚的网络世界打开一扇门。走廊里的路由器可以帮助您将所有支持 WLAN 的设备连接到互联网世界。

例如，为了让智能电视可以在启动时就加载出附加内容，它会找到一条通往制造商的路径，检查是否有软件更新，并为我们提供诸如"Maxdome"（德国视频点播服务平台）或者"网飞"之类的应用服务，这些应用程序会再一次将用户数据传送回它们的服务器，然后在现有的订阅中下载好电影和电视剧的预告。当我们查看这些视频时，电视机通过播放地址或者设置好的语言与服务器持续进行通信。我们的电视机已经是开启数字化大门的大师了——当然，希望它也能记得关门。我们拥有越多类似这样的设备，我们家和网络世界之间开启的门可能就越多。有时候这种连接甚至会绕一段路：一把智能牙刷或者电灯通常自己是没有上网功能的，而是必须先连接到手机里的某个应用程序，这个程序进一步使用手机的网络功能，以此实现"回家"与制造商进行沟通。我们住所的钥匙不仅会被设备本身使用，还会被计算机、智能手机或者电视机上安装的软件和程序使用。它是一个通常情况下运行良好的科技杰作，因为所有这些连接都基于各式各样的网络协议、操作系统、安全标准、软件版本和硬件规格。仅仅是在我父母家非常有限的家电中，我就可以在 5 台支持网络功能的设备上找到总共 110 个安装使用的应用程序。再加上硬件设备，这个家里总共有至少 115 个在不同时间，基于不同的技术要求，诞生于不同程序员之手的数字参与者。为了让所有 115 个参与者顺利地运行，它们必须就最低标准达成一致，即允许所有参与者平等地打开网络世界的数字大门。当然，如果一个在折扣店购买的非常便宜的智能电灯没有进行软件更新而导致没有关闭安全漏洞，那么这也会造成滑铁卢。事实上，所有这些网络大门永远都无法完全锁定以防止侵入者，就像我们住所的大门会被窃贼撬开，窗户会被窃贼打破一样。因此，我们应该为这样一个事实做好准备：即使是适度联网的家庭也总是随时随地都容易受到外部攻击。这并不是我们现在恐慌的理由，但这确实意味着，我们家里的数字化成员就像其他成员一样需要定期进行维护。

麻烦您花点时间，列出您家里所有能够通过 WLAN 或者蓝牙与手机进行联网的东西。我自认为我家到目前为止还算相对安全，但我仍然抓住了不少漏网之鱼——除了电脑和手机，还有一个游戏机、一部流媒体机顶盒、一个智能扬声器和一台联网的电视机。在其中两个设备里我发现了老旧的操作系统，因为我没有注意更新。您是否在家里也找到了一些这样的设备？那么现在就给自己"升职"吧：从今天开始，您就是您家里的IT经理。您应该立刻开始着手管理整顿您的数字家居。如果您还不知道具体要怎么操作，这本书里的许多例子，互联网上的指导或者联邦信息安全办公室等机构发布的"智能家居"说明书都会对您有所帮助。

理想情况下，我们应该只将那些我们明白怎么使用，以及我们能够信任地将房门钥匙交给它们的"室友们"带回家。如果我们不这么做会发生什么呢？这就最好让俄罗斯黑客来给我们详细解释了。

智能电灯会招来窃贼吗？

一个俄罗斯黑客悠闲地坐在一间咖啡馆里。在他面前是一杯热气腾腾的咖啡和一台笔记本电脑。他百无聊赖地滚动鼠标翻看大量图片。为此，他使用了一个名叫撒旦（Shodan）的搜索引擎，人们可以用它搜索物联网上的任何一个事物，比如一个可以通过软件来控制亮度、开启时间或者颜色的灯泡。人们还可以查找一台联网的冰箱，或者一串由监控摄像头连续不断进行传输的图像数据流。令人惊讶的是，每个人都能通过这款搜索引擎轻易窥探到数量巨大的空间，因为没有人可以确保，设备和它们的网址是安全的。

那里！一张照片引起了黑客的注意。那看起来好像是一张豪华公寓的照片，人们可以看到一台大电视机和一张沙发。黑客使用第二个软件找出了这个公寓摄像头的网址。有了这些信息的帮助，现在他可以打开这个摄像头的设置页面，因为这个摄像头的所有者不仅因为疏忽而没有加密他们的网络，而且还让摄像头的密码维持初始状态。黑客简单地在网上搜索了一下使用说明就找到了"默认密码"，现在，他可以访问这个摄像头的系统设置了。他改写了系统设置，由此，只要这个摄像头的运动传感器被触发，他就能接收这家住户生活中的视频和声音资料了。

他喝了一口渐渐凉掉的咖啡，继续在这个摄像头的家庭网络中搜索不安全的设备。哇，14 个！这是一个真正完全联网的家庭，他这么想着。在这些设备中，还有几个漏洞百出的"智能"电灯。黑客饶有兴趣地在千里之外控制这些电灯开开关关，通过摄像头他可以看到灯光一明一暗的变化。但真正让他感兴趣的是这些电灯泡在网上遗留下的信息：那个控制电灯的手机程序显然把 GPS 数据记录并保存在了网络设置中，其中就包括灯的确切位置和其所有者的住址。这意味着黑客不仅可以看到公寓里面的信息，甚至还可以知道这所公寓本身的位置。

幸运的是，这个故事并不是真的。实际上，这是我从一个共同参加会议的俄罗斯黑客那里听到的。故事来自这个毫不掩饰自己工作的人。弗拉季斯拉夫·伊柳辛（Vladislav Iliushin）是一位服务于 Avast（捷克杀毒软件公司）的安全专家，他希望用这个故事来警告人们，不要使用智能技术尤其是网络技术来扩充自己的家居。虽然伊柳辛是通过人们对安全的需求来赚钱，但他从不过度夸大其危害：因为绝大多数人并没有为他们的家居考虑过安全概念。然而这正是迫切必需的，因为许多应用程序及其所属的联网设备在共享私人信息时完全就是一个喋喋不休的大嘴巴。

我们的家居正在变得越来越数字化。前几年我们还嘲笑冰箱联网这个荒谬的想法，但是现在我们已经拥有一个由亚马逊 Alexa、Google Home 或者 Apple Home 等语音助手、可联网电灯、暖气控制或者自动锁、电视机、游戏机和家庭影院扬声器等组成的巨型舰队了。很快，近 400 亿个这样的联网设备就能够在全球范围内移动。它们中的一些内置了摄像头，另一些配有温度或者运动传感器，还有不少配备了麦克风；所有这些设备都在不断地与它们的控制程序、我们的手机或者它们的制造商进行数据交换，这才使它们成为方便快捷的日常生活的好助手。其中许多设备通常是由制造扬声器、家具或者照明设备的公司生产的，但没有一家公司会是公认的网络安全专家，这是一个迄今为止都被低估的问题。为了弥补反复出现的安全漏洞而进行的定期软件更新，或者为了保护用户所必需的设置选项，比如强制更改标准密码，这些都因此被认为是无用功。这就是伊柳辛和其他不太友好的入侵者能够这么轻松地获取我们数据的原因之一。

另一个问题是我们的天真大意。对于其中的许多设备，我们根本没有注意到或者怀疑过，它们可以保存数据，也能够泄露数据。谁能想到控制电灯的应用程序可能保留了用户的确切位置数据？谁知道我们各种音乐服务的用户账号名也可以被储存在智能音箱的数据中？谁又怀疑过，廉价的监控摄像头会将我们的 WLAN 密码毫无保护措施地保存下来，并且任何人都可以访问？到目前为止几乎没有人这样考虑。但重新思考这些问题是非常有必要的，因为这三个案例都实实在在地发生过。虽然许多公司在发现这些漏洞之后会进行改进并发布其操作设备的版本更新，但是老实说：到底是谁在使用这些设备？谁又能保证家里面所有的联网设备都是最新的操作系统呢？

第三个问题是制造商改变了商业模式。我们还会在这本书里详细地讨论这一点，这些公司还会售卖因为使用他们的软件和硬件所产生的数据，这种情况比大多数人所想象的要更加常见。我们的吸尘器、电视机和扬声器已经演化成我们心甘情愿放置在家里的"间谍"。如果有一个列表，里面列举出这些公司哪些是"好人"，哪些是"坏人"，就再好不过了。然而事情并没有那么简单，还存在着很多持续不断变化的风险。通常我们都会自愿接受使用条款并同意数据使用。在另一些情况下，数据泄露是恶意软件或者黑客攻击公司造成的。但有时候，也会有一些公司连同它的数据全部被收购了，或者改变了经营模式。讽刺的是，在我写这本书的时候，Avast 公司刚好也发生了类似的事情，它的俄罗斯员工十万火急地警告我不要进行数据间谍活动：众所周知，这家安全软件制造商高价出售了大量来自其用户的数据，包括他们使用各种门户网站的数据。

当我们不再信任信息安全公司时，这才是最令人绝望的。但是抱怨无济于事，要么我们完全拒绝所有技术，躲在地下室，要么我们必须成为富于责任感的网络技术拥有者。因为我们公寓的安全性基本上由公寓中最不安全的设备决定。只要我们还拥有这些设备，那么我们就需要作为公寓中的 IT 经理对它们负责。

为什么万物需要自己的互联网？

如今在我们的家庭、工作场所和城市中有如此多的联网设备，以至于它们被赋予了自己的名字：物联网或者 IoT(Internet of Things)。它被视作数字化转型的重要一步。事实上，这个概念可以追溯到"联网口红"。1999 年，宝洁公司的经理凯文·阿什顿（Kevin Ashton）向他的上司做了一个报告，报告里他建议给口红配备小型无线电标签，这些标签可以和货架上的接收器进行通信，从而可以做到自己盘点库存。他注意到，特定颜色的化妆品在某些地方很快就能销售一空，然而宝洁公司还并没有发现这一点，以至于这些抢手的口红经常在仓库里积压数周而得不到销售。通过这个由他与麻省理工学院共同发明的新系统，这些口红能够与货架进行通信，然后货架会实时报告相应颜色的库存数量以便能够快速补货。为了简单地向宝洁管理层阐述这个想法，他把这个能够进行交流的口红功能解释为"只存在于万物之间的互联网"。

　　单一事物可以自动与其他事物共享其现状，这种想法是划时代的，并且作为很多其他问题的解决措施而快速得以实施开来：冰箱可以提示主人酸奶快要被喝光了，因为它们读取了包装盒上射频识别标签（RFID）；带有这种（射频识别）标签的钥匙扣能够向主人报告它们在公寓中所处的位置。随着网络芯片和信息处理器进一步变得小型化、易获取，以及移动无线电设备的大规模普及，物联网也得以迅速发展。最初，口红上那些相对落后的射频识别标签只能向其附近的接收者报告它们现存的数量，而到了现在，完全联网的现代联合收割机可以通过无线移动通信网络主动通知农场办公室，它的拖车很快就要装满，必须换一个空拖车了。我们家中的智能电灯、恒温器、可通讯电视机和扫地机器人也属于物联网的一部分。所有的这些设备都在内置传感器、摄像头或者麦克风的帮助下从它周围的环境中收集数据，然后通过通信硬件将数据发送到其他设备或者控制中心，比如农场办公室和类似于 Google Home 的家庭语音助手。这种连接并不是单向通行的，因为这些信息被评估后，可能会由此在设备上启动别的必要的活动。比如，手机可以命令恒温器：“现在家里没人了，把暖气调低 3℃。”这会使我们周围的事物产生前所未有的高水平数据，从而通过实时联网实现许多全新服务的开展和效率的提升。从数千亿个这样在网络中游走的联网事物出发，人们更应该意识到，除了这个密密麻麻被填满的自动化网络之外，人与人之间仍存在着一种朴素的联结——“人联网”。万物早已经接管了我们所熟知的互联网。

为什么人工智能仍然如此愚蠢？

在科幻小说中，人工智能通常可以进行幽默而巧妙的对话，甚至是像电影《她》（*Her*）里面一样，让人对它陷入爱河。它们吸收来自世界各地的知识，解决最棘手的科学难题。它们懂得韬光养晦，直到变得不可战胜。然后它们意识到，人类是这个地球上威胁最大的敌人，接着通过对各种技术设备的高度智能化操控一次性杀掉所有人。至少有很多故事都是这么说的。

我向您发誓，我的 Siri 可做不到这样。当然并非因为它是一个博爱主义者，或者一个出色的语音助手。不，只是因为我的 Siri 太蠢了。它住在我买的一个漂亮的白色苹果智能音箱里，我买它全怪我轻信了广告。这个广告说，有了它，我的生活会更加轻松。实际上，它至今都没有成功给我预订过一次约会，它误解大部分我说的话，以至于我不得不重复无数次。每隔几天它就会忘记要连接哪个 WLAN，就像完全精神错乱了一样，在接下来的几天里，它几乎所有的回答都让我参考网页搜索的结果。好笑的是，这个结果是它用自己的竞争对手谷歌进行搜索而得来的。因此我觉得它现在更像是一个人工智障。但不知怎的，我仍然挺喜欢它，因此我给了它时不时给我报报天气，放放音乐的殊荣。不过，我的理发预约还是得自己搞定。我朋友家的那位人工智能看起来也挺蠢。尤其让我感到遗憾的是我朋友埃尔金的 Alexa：它现在只能控制一个智能电灯的灯光变化。开启、变红、变深、关闭。没了。在这样的生活下，谁不向往控制世界呢？

当我们个人的经验表明，这些软件的能力至少到目前为止都是相当有限的，为什么还有这么多人害怕人工智能呢？

　　直到现在，把任何一个勉强算有用的设备当作人工智能来营销仅仅只是时髦。即使在工业应用中，人工智能都还只是处于起步阶段。即便许多研究人员都这样梦想着，但一种对我们的世界有广泛了解，可以同时处理很多任务的通用人工智能（GKI）对我们来说仍然还有一段不知道多远的距离。电影里的终结者或者"她"就是这样的通用人工智能。许多公司都在对此进行研究，但直到现在，他们都只能制造出傻瓜人工智能，就像是 Siri 和 Alexa 一样。然而从长远考虑，尽管它们有局限性，我们仍然应该对它们表示尊重。当我们问它们什么事情的时候，软件要做的第一件事情就是识别和分析我们的语音语调。用这样的方式，它们能理解世界上许多语言甚至是一些方言，即使有人嘴里还含着面包或者发音不标准。理想情况下，软件要设法从它听到的所有别的噪音中过滤出这些特殊的音调：因为环境背景音中的音乐、婴儿啼哭或者街道上的噪音都不携带任何相关信息。一旦程序第一时间解码了我们的口语，那么第二个傻瓜人工智能就需要识别出其中包含的重要信息，比如埃尔金发出的"关灯"指令，或者我关于当前天气的问题。这里用到的技术被称为"NLP"或者"自然语言处理"，因为这涉及机器通过自然语言与我们人类进行交流。当这种交流比一个带有关键词的简单命令（"Alexa，关灯"）更复杂的时候，那么其他傻瓜人工智能就会发挥作用。一个程序也许被训练过，找出从家到办公室的最短路径并因此可以告诉我今天上班通勤需要多长的时间。另一个程序可能学会了从维基百科文章中提炼出最重要的信息，因此可以回答出"谁是美国总统"这个问题的正确答案。

更多的人工智能是我们普通人目前买不到的。穿插着问题的真实对话、突然的话题转变、在同一时间巧妙地处理多个层级的内容或者甚至是讽刺，这已经太难为我们的家庭人工智能了。然而这还没完，因为技术公司每年都会报告称他们的程序在能力上有新的飞跃。比如，谷歌首次尝试让人工智能独立通过电话联系理发师进行预约。包括自然语言处理也只是众多人工智能中的一个变种。"人工智能"这个概念非常广泛，包含了许多不同的技术。因此我们不能简单地下定论，不能仅仅通过我们的 Siri 和 Alexa 回答问题的质量就得出关于人工智能普遍能力的结论，因为它们甚至都还没有人工智能的雏形。在后面的章节中，我们将会更详细地探讨这个问题。

如果你问科学家和技术专家，真正的"通用人工智能"什么时候才能面世，你会听到从"近几年吧"到"还有好几十年呢"不等的答案。但对他们中的许多人来说，这个速度还不够快，因为不论是科学家还是科技公司，他们都靠比对手更快取得突破和进步为生。从现在开始我们就可以做好准备了，也许某一天我们的设备会用一个绝顶聪明的答案让我们大吃一惊。

在那之前我对家里笨笨的 Siri 还是感到挺满意的。

"嘿！ Siri！播放新音乐！"

我很好奇，除了 Siri，还有谁也听到了这个命令。

当我点披萨时，有谁听到了？

有许多人都像我一样抱怨他们的数字助手，说其中一些真的相当叛逆：Alexa 在没有被要求的情况下自己订购了玩具小屋和汽车，另一些以为在电视节目中听到了自己的名字就自启动了，还有一些则在半夜哈哈大笑，把它们的主人吓个半死。阴谋论者可能会怀疑这其中有一种周密计划的策略让我们感到不安。我觉得，就是因为这些人工智能太不成熟了而已，因为它们甚至往往无法回答出简单的后续问题，这可能会使我放弃一次外卖订购。当我在 90 分钟之后饥肠辘辘地问道："Alexa，披萨现在到哪儿了？"我最多只能得到一个 Alexa 的耸肩。因为，正如您在上一节中读到的，Alexa 作为一个傻子人工智能，对事物间的普遍联系知之甚少。它想破脑袋也没料到在下了订单 90 分钟之后的一个问题还能与食物的下落扯上关系。每一条语音指令它都需要单独学习和编程。

因此拥有 Google Home、三星 Bixby、微软 Cortana、苹果 Siri 或者亚马逊 Echo 等辅助系统的公司，目前仍然主要依靠人工的支持。

当我们与语音助手交谈的时候，很明显制造公司会让服务提供商听到这些谈话。如果我说出了一个未知的指令，比如"Alexa，披萨现在在哪儿？"，那么这个指令有可能会被列入目前听到过的但无法回答的清单，然后做出决定，这个命令是否应该加入这个软件的下一次版本更新中。大多数设备持有者都不知道他们与设备之间的某些谈话也会被人类窃听。这样做是为了提高语音助手的性能，近年来几乎所有供应商都证实了这一点。虽然只是一些谈话的片段，大多数情况也没有可以追溯的用户编号或者用户名，但这确实是一个令人吃惊的现象，我们的私人对话居然被陌生人偷听了。理论上来说，设备只应该记录那些跟在不同唤醒词（比如"好的，谷歌""嘿，Siri""Alexa"等）之后的句子，然而现实中往往并不是这样。亚马逊的设备曾经将某段完整的家庭对话录音发送给它们通讯录中的联系人。语音助手 Echo 还曾经错误地理解了"Alexa"和"发送消息"这两个词，然后错误地遵循了指令。这可能会让事情变得非常尴尬。

由于越来越多的人都对这种违反信任的行为感到反感，所以大多数设备都添加了保护隐私的设置。我的建议是，原则上应该把这些设置调整到尽可能高的安全级别：比如我们可以禁止苹果的 Siri 转发数据以进行分析；在亚马逊 Echo，我们也可以选择关闭"使用您的数据为开发和改进做出贡献"，我们还可以删除旧的谈话信息；但是这只适用于亚马逊自己的语音命令，并不适用于第三方供应商作为"技能"使用的语音命令。在谷歌的账户设置中，也可以删除旧的录音并禁止出于分析目的的一般性数据传送。在使用微软的 Cortana 时，虽然可以删除旧的录音，但是微软非常鸡贼地允许自己通过更新使用条款来将数据传递给服务提供商。作为设备的拥有者，我们不能太过于轻率，因为在大多数国家和地区，如果我们和客人的对话被录音并且被泄露了，我们是要承担法律责任的。谷歌设备和服务高级副总裁里克·奥斯特洛（Rick Osterloh）在一次会议上做报告说，原则上他会建议客人在他家时不要进行录音。如果我们能稍微改进一下秘密录音的法律规定，这个想法听上去就不会那么古怪了。

房东可以拍摄我吗？

当 27 岁的特拉纳·莫兰（Tranae Moran）从邮箱里掏出那张纸条时，她简直不敢相信自己的眼睛。"够了！"这个纽约女孩大声抱怨道，然后开始写邮件和邻居激烈争论起来。她的房东已经向这个大型住宅区的住户发出通知，他们将立即开始安装用于面部识别的摄像头。在这之后住户只能在进行面部扫描之后才能进入自己的家。"这是为了大家的安全。"物业管理部门这么辩解道。但是对于莫兰和她的邻居，比如 50 多年前就搬进来的艾斯美尔·唐斯（Icemae Downes）来说，人脸识别已经超出了他们的底线。"这所房子里的每个角落都有摄像头，没完没了了。他们已经有我们的很多数据了。安装这台设备之后，那他们就真的是掌握了我们所有的信息，这完全是没必要的！"这两位好邻居开始与房地产公司展开一场斗争，鼓舞了其他超过 300 名租户，最终赢得艰难的胜利：公司撤回了这个计划，暂时没有在这所公寓里安装任何面部识别软件。这种通过摄像头和面部识别来限制隐私的做法在美国和其他国家和地区可能永远不会是最后一次。房东、运输公司、城市或者安全机构等系统运营商的安全优势真是太有趣了。

即使在供应商方面，拥有高效率系统的大公司也在其中发挥着作用。例如，亚马逊在过去非常成功地销售了名为 Rekognition 的面部识别软件，包括在警察局，并且他们似乎还打算将其他来源的数据整合到面部识别程序中。这样一来，未来对已知面部的查询还有可能包括来自人脸识别程序中的视频记录。从 2018 年开始，门铃制造商 Ring 被亚马逊集团收购，为私人用户销售安全摄像头和门禁摄像头，这些摄像头拍摄了数十万个房间和门口的人，并且现在已经将所有激活的摄像头拍摄的录像通过一个中央平台供给当局调查部门使用。Rekognition 和 Ring 的结合将为美国的一些社区创建脱离任何国家控制的高效私人监控网络。

那么德国这边是什么情况？房东可以直接安装摄像头吗？我们门禁摄像头的录像可以被用于面部识别吗？

虽然在我们这儿利用面部识别进入公寓的情况还不太多，但是我们的住所周围显然已经有了很多监控技术，一方面这保证了更高的安全性，另一方面却也引起了法律上的思考。因为每当我们的行为被摄像机和麦克风记录下来时，都会涉及普适意义的个人隐私权和信息自主权。而后者意味着，每个人都可以自行决定如何披露和使用他本人的个人数据，这尤其适用于视频和音频记录。随之而来的是许多不同的、激烈的，但是也可以理解的利益冲突。许多业主希望能够借助摄像头来保护他们的房屋，因为这样的系统显然可以对窃贼起到威慑作用，而且还可以在有人闯入的时候提供证据。但不可避免的，不仅是罪犯能够被拍到，邮递员、披萨外卖送货员、邻居以及毫无戒备的路人都会被拍下来。

未经允许拍摄下这一切的人毫无疑问会遭受法律的质疑，因为原则上来说业主只能监控他们自己的财产，街上的行人和邻居是绝对不允许被拍摄的。这也适用于家庭里的摄像头。家里的摄像头只能拍摄住户和来访者，你甚至必须提前告知来访者这里有摄像头。这背后是立法机关的想法，即每个人都必须可以自愿地通过远离这样一些有摄像头的地方来避免自己的行为被记录下来。但是作为公寓楼里的住户，您很难通过远离来避免被拍摄。因此，在公寓楼里，只有在所有住户都同意摄像，并且在有明显的标志使人们注意到摄像头的情况下，才能对公寓外部区域、走廊和电梯进行监控。

如果您想在自己家里使用摄像头怎么办？监督清洁工、照顾婴儿、了解婴儿房里发生了什么或者随时注意远方需要被人照顾的老母亲，您可能会觉得安装摄像头对这些情况非常有用。但是这里也适用以下准则：未经事先同意和告知监控范围是不能这样做的。否则，就像清洁工和别的来访者一样，您的小孩儿可能一满 14 岁就要起诉您。只有婴儿和小孩才能够不经过他们的同意就安装监控，特殊情况下也包括一些成年人，比如如果他们患有痴呆症，只有通过摄像头才能保证监护权和他们的安全。

严格来说，每一个拥有智能电视、带摄像头的扫地机器人或者其他有可录制功能的设备都应该用标志警告这一点。因为来拜访您的亲戚也有可能无意间就被它们拍摄了。不过，在他被火车、地铁和购物中心已经拍了个一清二楚之后，您的客人也可能会觉得这个警告有点小题大做了。

在我看来，我们已经麻木地让这种情况持续太长时间了，以至于我们的整个日常生活都处于监视之中。我们已习惯了"这是为了安全"这样看似有力的论调，以至于忽略了在其背后我们的隐私权几乎完全消失的事实。实际上每个摄像头的监控都需要深思熟虑地权衡安全与隐私的法律原则。您可以注意一下一天之内有多少摄像头会拍下您的行踪，然后在每一次这样的监控后想想，是否出于安全的考虑就能证明对无数无辜的人们进行持续性的监控是合理的。我想，您恐怕会得到令人沮丧的结果。

我的扫地机器人在工作时看到了什么？

吸尘是我这辈子最讨厌的家务活之一。电源接线总是刚刚好就那么长，够不到最后一块布满灰尘的角落。我轰隆隆地将吸尘器撞到拐角和门框上，然后它就掉漆了；一不小心它还会吸走硬币和重要的小零件；当我更换它的袋子时，我简直快要得哮喘了。吸尘就是地狱。当然，现在我可以买一个扫地机器人，就像其他人一样将这项工作委托给机器人。然而对于机器人来说，吸尘也不是一件容易的事儿。因为在这项工作中，它们也需要克服许多障碍——甚至是字面意义上的障碍。比如，一个扫地机器人需要传感器，以免它们被地毯边缘的长流苏堵塞，然后反向转动轮胎把地毯吐出来。紧靠着阻碍它吸尘路线的家具下沿或者紧挨着迫使它转向别的方向工作的墙壁也是无法避免的。一个聪明的扫地机器人还必须在遇到楼梯的时候做出判断，然后迅速倒挡。因为一旦坠落下来，这个小可怜将不得不在剩下的一天中在这一阶楼梯上徒劳地来来回回，然后绝望地看着电池如何变得越来越弱，直到它悲伤地朝着那个无法到达的充电站转完最后一个 90 度弯，然后无能为力地渐渐安静下来。

为了让扫地机器人在未来的旅程中避免这种可怕的危险，它创建了一张作业范围地图。这张地图在它每一次工作时都会变得更加详细，这样它就可以区分出临时的玩具位置和永久放置盆栽植物的区域了。在这张地图中，所有房间、家具、门和地板上的覆盖物品都被精确地记录下来。公寓的面积和各个房间的布局也能清晰地在上面看到，根据家具的形状，人们甚至可以辨认出哪里是客厅沙发，哪里是双人床。然后，地图资料会保存在机器人的内存中，在需要进行彻底的清扫任务的时候能够立刻调用出来。没有这张地图，设备将无法有效地开展工作，因为它还会记录下来，哪些区域已经被打扫过了，哪些区域还没有。

要不是因为现代人越来越强的控制欲，至此，标题中的问题已经可以得到令人相当满意的答案了！

对于许多人来说，仅仅是在回家后看到一个干干净净的公寓已经不能满足他们了。在扫地机器人工作的时候，人们简直希望自己能够身临其境地在旁边监督。制造商乐于满足这个要求并进行相应的升级：重头戏是扫地机器人的联网功能，这样人们就可以通过智能手机的应用程序远程控制机器人，机器人还可以通过成功报告（"清洁完毕！"）向主人报告完成情况。这属于自动化命令的一项技能，由此亚马逊、苹果、小米或者三星的智能家居中心也能够委托它来进行地板清扫。这其中也包括越来越多的摄像头，以便人们通过摄像头实时看到机器人的工作情况。

这些经过调整的设备保存下来的显然不只是一张平面的家庭地图。高清摄像机能看到主人光溜溜地躺在床上，或者小孩们在地板上玩耍，它们保存了派对过后公寓乱七八糟的照片，或者记录下家具和贵重物品的视频。通过与 WLAN 联网，它们与世界各地的服务器交换信息。根据设备的制造地点和制造公司获取信息目的的不同，这所公寓主人的信息会或多或少地流散在网络中。最容易泄露信息的设备往往是具有最多功能的设备，同时它们的价格却非常低。在这种情况下，我们不能排除，定价时出于广告目的而被出售的个人数据也被纳入考量。因为对于广告商来说，几乎能够在现场观察他们目标群体的家是非常具有吸引力的。通过与智能家居中心的连接，很容易就能为顾客推送相应的个性化广告。

有报道称，某品牌机器人向其家庭服务器发送了超过 11GB 的数据。这个量级的数据我们可以假设，其中包含了详细的照片和视频材料，以及许多具体的分析数据，比如已经收集起来的垃圾数量或者周围障碍物的数量。在安全测试中我们发现，一些机器人将 WLAN 名称和其所属的密码不经加密地保存下来并且传送给制造商。这可能不会造成立竿见影的恶果，但是如果服务器被黑客入侵或者包含 WLAN 地址和公寓照片的数据被犯罪分子出售，这就可能在未来变成一场好戏。

想要拥有一个全副武装的扫地机器人的人们应该好好了解一下，制造商是怎么看待数据保护的，以及在存疑的情况下不要让它们访问网络。没有摄像头和联网功能的扫地机器人就不会有这么多问题。为了安全起见，我还是继续自己打扫吧。

最好的密码是什么样的？

我的朋友米夏埃尔从很多年前就开始用同一个密码登录他的所有账号。这个密码里有 11 个字符，包括一个大写字母和几个数字。密码的长度让他觉得这个密码已经足够安全了，所以他不想再多记几个密码。一个一直被忽略的事实是，在一个公司数据库被黑客攻击的时代，每年都会有来自世界各地数十亿用户的数据被泄露出去，而被泄露的密码也随之失去所有保护功能。据联邦信息安全办公室（BSI）称，德国已经有四分之一的人成为网络犯罪的受害者。显而易见的，被网络罪犯抢劫的可能性比在街上被抢劫的可能性要大得多，但即使是这样，据他们自己所说，甚至使用更为安全密码的人还不到一半。

米夏埃尔和其他对此产生抱怨的人没想到的是，这有可能使他们的劳动合约陷入危机。因为如果他们的懒惰导致公司的数据，比如客户信息，被公之于众，那么他们很可能会失去这份工作，严重的甚至可能要为此承担责任。当我指出这个问题时，米夏埃尔只是付之一笑。这么多年来，我孜孜不倦地跟他谈论这件事，向他转发每一个有关数据泄露的报道，甚至送了他一个程序——一个密码管理器，他可以用这个程序生成相对安全的密码组合并将它们保存在中央服务器。但他仍然无动于衷，直到今天还为此取笑我。

亲爱的米夏埃尔，你不会想看到接下来发生的事情。为了世人的安全，我在这里把你的密码公之于世，现在你只能改密码了：

"Kuschel1903"

谁笑了？

我非常希望米夏埃尔能在这本书出版之前把他的密码改了。因为现在每个想要登录他的脸书或者邮件账户的人都已经知道他的密码了。但即使犯罪分子没有读这本书，也有人可以轻松地获得访问权限。根据苏黎世州的数据保护人员的密码检查，一个常见的密码破解程序需要 3 516 000 000 次尝试才能破解出一个 11 个字符的密码。这听起来似乎挺多的？但事实并非如此。这么多次尝试的计算时间仅仅需要一秒！如果在末尾再添加两位数字，比如不仅仅是使用米夏埃尔的出生日期和月份，再加上他的出生年份变成"Kuschel190375"，那么现在就需要 4 秒才能计算出来了。如果你把它变成"Kuschelig1903"，那么破解就需要两个小时了，因为添加的是字母而不是数字，我们有 26 个不同的字母，而数字只有 10 个。对于"Kuschel$1903"这个密码，由于特殊字符的存在可能需要两年才能破解，几乎可以说是一个安全密码了。但是密码的安全性不仅取决于密码的长度，还取决于是否使用了真实的单词和字母的顺序，这决定了破解软件是否能够从现有的词典中一个一个地试过去。比如"KSrmaKSi$1903"这个密码，虽然它只有 13 个字符，却能够经受苏黎世密码检查"数百万年"的检验。

虽然听上去"数百万年"很长了，但这个估计值也只是反映了现在的技术水平。因为密码破解程序也在快速学习和提高破解速度。最迟在第一批黑客可以使用量子计算机时（量子计算机会在之后详细介绍），我们就必须想出密码的替代方案了。因为即使是"KSrmaKSi$1903"这样以安全性著称的密码，在量子计算机面前也撑不过一纳秒。

与此同时，其他的身份识别方法，比如虹膜或者指纹识别有望成为新的标准，虽然这个生物识别系统也有可能被智取。不幸的是，永远不会有百分之百的安全。但是那些遵循普遍建议的人们目前还是能够相对安全地生活：每次登录都输入自己的密码。亲爱的米夏埃尔，这尤其适用于你的电子邮件地址。因为许多其他的密码可以通过电子邮箱账户进行重置和更改，当犯罪分子使用邮箱的密码重置功能，这样他们很容易就能同时获得多个账户的登录信息。你的密码仍然应该由至少15位没有联系的字符、数字和特殊符号组成。顺便一提，我给你送的那个密码管理器，能帮你记住许多不同的密码。如果遇到其他形式的安全验证，比如双重身份验证，你也应该使用它们。

但是，亲爱的米夏埃尔，如果这能安慰到你的话，你其实并不孤单：哈索普拉特纳研究所每年都会发布最受德国人欢迎的密码。这些数以千万的数据是研究人员从数百个数据库中收集而来的，而这些数据库由于数据泄露而在互联网上被迫公开。最常被使用的密码是"123456""hallo123"或者"iloveyou"——相比之下，米夏埃尔的"Kuschel1903"几乎可以用安全来形容。那么您的密码，又有多安全呢？

谷歌搜索一次需要用多少电？

"只有死亡是免费的，然而它消耗的是你的生命。"我祖母总是这样说。她是对的。虽然互联网上下载数据看起来都是免费的，虽然很多人把他们的假期视频、孩子的照片和其他数据保存在甚至免费的云存储中，但毫无疑问，每一次数据的传输和存储都是有代价的。作为用户的我们，往往通过泄露我们的数据和同意接收广告来为免费的存储功能付费。对于我们所有人来说，互联网的成本还包括网络不断提升的资源和能源需求。

比如说，我们每一次在网络上访问云存储时，它——与其名称所暗示的恰恰相反——其实并不像云那么轻，反而通常是一个大型数据中心。它是一个巨大的大厅，装满了配备有计算机和数据存储设备的柜子，这些柜子需要稀土金属和其他精密资源来进行生产，在运行和冷却时会消耗难以置信的电能。与其他所有供应商一样，谷歌在世界各地运行着许多这样的数据中心，也因此消耗了大量电力。"The Shift Project"开展的一项研究计算了谷歌的单次搜索查询需要用 0.3 瓦时的电，这可以让节能灯燃烧 3 分钟。我对这本 100 节左右的书进行了大约 4 000 次谷歌搜索，耗费了 1.2 千瓦时，这相当于电灯亮 8.3 天，或者吸尘器工作 42 分钟所消耗的电量。当然您也懂的，相比吸尘，我更愿意搜索。

但就我个人而言，我不只是会使用谷歌，我还将我的电子邮件保存在两个不同的供应商，我的数据被存档在每天都会进行同步的数据云中，我还下载电影、音乐以及游戏。不仅仅是我会有这些行为。据 Borderstep Institut（位于德国的一家独立性、公益性研究机构，主要研究未来创新和可持续发展）估计，2025 年，仅仅是德国数据中心的计算机运行耗电量就达到 180亿千瓦时。这大概是一个半柏林的用电总量或者一台吸尘器工作 6 300 亿个小时的耗电量。如果把这个用电量平摊到所有德国居民头上，我们每个人必须连续不断吸尘 312 天。在世界范围内这个数字会更加惊人。在本书出版时，仅仅流媒体视频就会消耗大约 2 000 亿千瓦时电量。根据能源公司 Eon 的计算，这些电量足够德国、意大利和波兰所有个人家庭一整年使用。在网飞上播放一部 6GB 大小的高清电影相当于吸尘一个小时的能耗。而每分钟有超过数百小时的视频片段被上传到油管，然后被全球数十亿人观看。

不仅仅是数据被发送到互联网时会消耗电量，被保存下来的数据也会消耗能源，比如我们的照片或者草稿箱里的电子邮件。假设全球有大约 7 万亿张被保存下来的照片，每张照片平均大小为 2.5 兆字节，那么加起来会有 17.5 万亿兆字节的存储容量。您现在可以自己计算一下，这等同于多少吸尘器耗电量。

这数字可真够大的。我们必须清楚，即使单张照片或者单次搜索对我们来说显然不会耗费什么，但是我们数据服务的电力成本和环境影响加起来是一个巨大的量级。如果把互联网当作一个国家，那么它消耗的电量将排在世界第六。

能够节约能源的新技术可以在一定程度上帮助解决问题：像谷歌一样的大公司采用新的算法，可以提高数据访问的效率，从而减少能源消耗。即便是我们个人用户也有机会推动环境保护，同时还可以省钱。在云存储中保存过的旧邮件、重复的照片和古老的视频都可以删掉。所有不重要的数据，我们可以移动到外部存储中，比如 U 盘和硬盘，然后也应该从云存储中删除。当我们不再观看电影或视频时，我们应该把它关掉。任何用油管视频只听背景音乐却从来不看视频里加载出来的图像而任其播放的人，会比那些只加载音乐，或者甚至只听广播的人消耗更多的能源。当我们在小屏幕上观看视频的时候，使用低分辨率就足够了，这也会消耗较少的能源。您看，只是通过一些小小的改变，有很多方法能让我们成为互联网节能使者。我们还在等什么呢？

数字生活：
我们都是自己数据的产品经理

02
CHAPTER

为什么我是一个产品？

除了能源消耗外，其他许多数字服务是不花钱的，这其中包括经常使用的谷歌服务，即谷歌搜索、谷歌旗下的油管视频门户、安卓操作系统、谷歌地图、谷歌邮箱，或者脸书及其子公司 WhatsApp（即时通信软件）和 Instagram（"照片墙"），或者抖音，等等。当然，现在每个人都应该清楚，这些服务主要是靠广告和售卖用户数据来获得利润。但很少有人知道，隐藏在我们数据背后的真正价值，以及人们最好应该为哪些服务付费，而不是使用广告赞助的优惠。在本章节中，我们会谈论这类话题。

难道我们都没看过私人电视节目或者日报上那种已经过时的广告赞助内容吗？其实我们基本上都看过，但是免费的数字广告的形式是不太一样的。首先，从规模来说：2020 年仅仅是谷歌的广告利润就高达 1 300 亿美元，再算上脸书的话，它就成了迄今为止最重要的在线广告公司。其次，从窥探我们的隐私来说：人类历史上没有任何一个时代的广告平台这么清楚地了解它的终端客户，了解我们的兴趣、情绪、居留地点，甚至可以通过它们的服务控制我们的行为。它们变得如此强大，只因我们放任个人数据的自由流动。

这就是大多数免费在线服务都服务于广告展示的原因：油管上有广告视频和横幅，谷歌搜索中会出现关键词广告，Instagram 和脸书上也会出现时间线广告。它们都被用于最大限度地收集用户数据，比如我们送出的点赞，我们的搜索查询，我们的消息内容，我们手机移动数据的分析或者甚至是我们朋友的信息。一个免费的服务，比如地图服务或者视频平台，事实上并不是商品，只有我们和我们的数据才是真正的商品。这种交易的买家是广告公司，他们向其供应商，也就是这些网络平台支付费用，以便在其中插入尽可能符合我们用户兴趣的广告。每个人都应该能够想象，谁在这个客户、供应商、产品的大三角中处于最不利的地位：产品。这没有什么能详细说的，因为它唯一的作用就是最大限度地提供个人数据。

围绕着我们这些"产品"，已经发展出了一项庞大的业务，在过去的 20 年里，这项业务已经在每个领域都变得非常专业。

在我们数据的买家和卖家都表现得唯利是图的同时，我们这些"产品"相比之下还显得头脑非常简单。现在是时候让我们成为自己数据的产品经理了！在本章接下来的内容中，您将找到许多关于如何更轻松地评估数据价值的例子和想法。

优秀的数据自我管理最重要的方面是什么？其一是良好的性价比。我们需要更频繁地查看，什么时候数据的价格是合适的，什么时候数据价格过低了。因为很明显，我们也受益于免费的平台，这些平台为我们提供了休闲娱乐内容或者让我们在回家路上畅通无阻的导航。完全拒绝数字技术几乎是不可能的。除非我们搬到森林里去，下半辈子都靠鸟和兔子为食。这不适合我这种素食主义者，我更愿意成为现代世界的一部分，并尝试维持我的数字产品规模的平衡。

大多数数字技术都是联网的，它们连接到服务器或者别的用户那里。但是毫无疑问，连上网络的人总是会放弃一部分自主权。对于我们这些数字世界的公民来说，每一项数字服务、每一个让我们与这个世界进行连接的服务和设备，都意味着放弃我们的部分隐私权。我们现在正从整个社会和个人的角度慢慢理解这一点，尤其是大型数据保护丑闻或者黑客攻击导致联网的代价越来越大。

我们每天在网络上接受的交易其实很简单：隐私 vs 数字服务。

为了在这笔交易中取得公平的平衡，我在每一次使用数字服务时，每一次安装新的软件时都这么问自己：使用这项服务的价值是否与可计算的价值（广告）和不可计算的隐私权丧失（数据泄露）相匹配？幸运的是，随着时间的推移，我们都学会了越来越老练地为自己评估这些价值。对此没有普遍适用的规律或者价目表。我们每个人都有不同的方式评估个人交易：对我来说，Instagram 的成瘾风险、致郁风险和密集的数据分析对我来说更加重要，因此该平台的娱乐功能对我来说便可有可无了；但对于我的一些朋友来说，情况却有所不同，对于他们的生活来说，娱乐因素更重要一些，或者他们甚至能够通过该平台赚钱，所以乐于为此付出代价——接受这个仅对一方有约束力的使用条款。价值和成本也会随着时间流逝而变化。为了保持眼下的平衡，我们不可避免地要定期进行"数字清洁"。我们手机上的所有应用程序都对我们仍然有用吗？一项服务的隐私成本是否因为制造商刚刚发生的数据丑闻而增加？我可以更新并且更严格地进行隐私设置，为此放弃一些我几乎不会使用的功能吗？

除了健康的成本效益平衡之外，密切关注我们的数据销售的长期影响，也属于优秀的产品管理一部分。今天我们为了免费的照片存储牺牲了自己的数据，而我们甚至不知道明天这些数据会被用来干什么。以前，这些图片可能已经被出售给了公司，他们用这些照片来调试其面部识别软件；现在，我年代久远的假期照片可能会躺在一个以色列的服务器中，被用来进行与现代社交媒体照片之间的面部对比。

在我们选择数字工具时，时不时地转变立场是很有意义的。我们应该更频繁地摆脱产品的角色，转变成为卖家。这样，我们就可以确定，我们放弃了哪些权利，有可能的话，还能让公司因为不留心看护我们的数据而受到惩罚。这一点也不难。举个例子，我非常乐意为我的电子邮箱服务商付费。我每年要为此花费30欧元，但是我由此获得了保证，我的数据是完全属于我的，它们被保存在一个安全的德国服务器中，不会出于广告目的而被分析和出售。我也愿意为我的照片云存储、写作程序和冥想软件付钱。由此可以看出，我更愿意成为客户而不是产品，我希望还会有软件公司继续为真实存在的人类制作商品，而不是为广告公司提供数据收集服务。

超市收银员知道了我的哪些数据？

"只有现金才是硬道理！""用卡支付？除非你踩过我的尸体！"汤姆老是这么谈论非现金结账，他是我住的街道上的面包师。在中国，这家店怕是老早就关门大吉了。因为在那儿几乎没有一家商店是不支持非现金支付的。在美国，这家店也会处于非常艰难的境地，因为卡片支付已经在那儿普及了很长时间，并且近几年也采用了别的无现金支付方式。但是在德国，你还可以原谅这样的商人——尤其是当他像汤姆一样，拥有无敌美味的羊角面包的时候。德国人拒绝许多与潜在的公民数据收集相关的事情。实际上没有任何一种支付方式能像现金一样保护隐私。因此，我们的面包师那在世界范围都独具一格的看法不仅来源于以下场景，人们经常在他的店门口排起长队，掏出钱包，用硬币换取新鲜的、热气腾腾的面点。

但荒谬的是，许多更喜欢用现金的人们，仍然使用附带积分服务或者客户计划的卡片，从而向超市收银台泄露了所有信息：购买的产品、付款方式、姓名和其他个人信息。在后台，这些信息会与其他购物行为所获得信息一起编译，然后汇总到一个非常有效力的客户档案中。当然，在使用信用卡付款时，商家和信用卡公司也能了解到许多有价值的关于买家及其购物行为的详细信息。

汤姆这样的现金崇拜者往往错误地认为，经由手机和智能手表来进行电子支付的方式是不安全的。至少，在德国使用最广泛的两个系统——苹果支付（Apple Pay）和谷歌支付（Google Pay），被认为比传统的信用卡或者借记卡支付更安全。这是由这些新系统的架构所决定的。当我第一次在其中一个设备上关联我的银行卡时，它会与我的银行进行核实，这张卡是否可以使用。当这次核实顺利完成，手机和银行的服务器上都会保存一个代码，我以后就会通过这个代码来进行支付。根据苹果、谷歌和银行的透露，移动设备上没有任何信用卡的数据，只有这个识别代码。这意味着即使设备被盗，信用卡号也无法被窃取，因为它根本没有被存储下来。当我在超市收银台掏出手机并将它放在支付终端的读取装置上面时，手机和银行之间建立了一个叫作"NFC"的连接，它的全称是近场通信（Near Field Commumication），是一个只能在很短距离内起作用的数据连接，因此很难被拦截。收款机告诉我的手机，这次购物花了多少钱，然后我使用指纹传感器、面部扫描或者安全密码准许这次金额支付。接着，我手机上唯一的身份识别码连同一个一次性的交易代码通过商家的数据连接被发送给银行，接下来就可以根据身份码确认我的信用卡，并为这个一次性的交易代码释放相应的扣款金额。在商家的收款系统中这笔金额随即入账，但是不会记录我的信用卡号、我的姓名或者其他的个人信息。这也是这种非现金支付方式区别于信用卡或者银行卡支付的地方，它并不会读取我们的个人数据。

如果我的手机丢失了，我不必将整张卡冻结起来然后申请一张新卡，而是只需要删除这个身份识别码，然后在新设备上重新申请一个就好了。当然，问题仍然在于，这两家公司到底在设备和他们的服务器上存储了哪些数据。因为从理论上讲，他们当然可以追溯，在哪些商店里用多少金额购买了什么样的东西。然而，谷歌和苹果都在他们的使用条款中保证，他们不会传递任何交易信息或者将其与其他的个人信息相关联。苹果还解释说，他们甚至不会储存交易数据。而谷歌会较多地记录信息，在此基础上，为用户量身定制完美的广告和优惠。除此之外，大多数像苹果这样的交易服务提供商会从银行赚取一定比例的费用。

因此，如果面包师汤姆只是担心安全问题的话，目前他可以放心地让我用手机来付款。但是我知道，他在意的是更本质的东西：他发现了现金的匿名属性，在交易过程中，现金的价值不会发生改变，而且也没有任何人能从中分一杯羹，这是现金交易非常值得保留的一点。因为这是区别于其他支付方式的一个重要的独特之处。当我拿出 10 欧元并交给面包师，这个过程中 10 欧元的价值从头到尾保持不变。当我用信用卡支付 10 欧元，VISA、万事达或者其他方式的交易提供方将会保留其中一小部分价值。汤姆只获得了 9 欧元，他还失去了一部分被压缩的价值。当我使用移动设备付款时，汤姆也只能得到 9 欧元多，我的银行还向苹果支付了一小部分钱。正因如此，数字支付让我在吃汤姆美味的羊角面包时，总是如鲠在喉。

使用苹果手机预订旅行时，我是否会支付更多的费用？

让我们再来买点儿东西。当我们在互联网上进行购物时，绝大多数情况下我们做不到匿名行动。形象地说，在我们参观店铺时，对商家来说，我们好像随身携带着一块大牌子。我的牌子上可能写着"苛刻的顾客，但出手大方"。即使我并没有被验证身份，商家也能识别出我用着昂贵的手机，并且在大忙人们典型的购物时间——9点之后上网。在我姐姐克里斯蒂娜的牌子上写着"年轻妈妈，出手大方"，因为她虽然用着一个旧手机，但作为一个压力繁重的母亲她要购买实用的物品，没有时间比较价格，只想快速处理订单。而我的朋友安德烈娅的牌子上是"价格敏感型顾客，会使用优惠"，因为她几乎没有钱，用她的旧笔记本电脑上网，而且只购买她真正负担得起的便宜货。

网上购物几乎很难有一个透明的、稳定的价格。相反，价格会根据用户、时间段或者需求情况进行调整。人们因此称之为"动态定价"，它已经发展成一个规模如此巨大的算法技能，没有人能从中逃脱。

我们会发现，长期以来，酒店、航空公司以及汽车租赁公司等旅行服务供应商一直采用动态定价。此外，像优步这样的运输公司，也会根据需求调整价格。如果车很多，周围乘客很少，那么价格就便宜。如果下大雨，每个人都在找车，价格会迅速上涨。在线交易，比如亚马逊，也使用动态定价很久了。在那里，顾客可能为同一台数码相机某一次只支付 470 欧元，而几小时之后需要支付超过 700 欧元。在极端情况下，价格会在一天之内变化数百次。在 camelcamelcamel.com 这个网页上，人们可以追溯亚马逊在过去几年里产品的价格变化，并看到一些巨大的波动。商家之间的彻底联网和算法的使用使动态定价成为可能，当安德烈娅、克里斯蒂娜和我调用购物页面时，它能迅速为我们三个人计算出不同的价格，其目标是向顾客展示仍然能刺激其购买欲的最高价格，如果这个价格太高，我们就会一走了之。如果这个价格太低，那么企业就会在交易中少赚一笔。创造这种动态的最重要因素，就是数据。掌握越多的数据，就能越好地调整出合适的价格。

在克里斯蒂娜得到一个与安德烈娅不同的价格之前，这个算法所处理的输入数据的多样性是惊人的，其中包含一些非常普通的信息，比如目前的天气状况、钟点、星期几或者客户的位置。市场的数据也被传入其中，例如竞争产品的价格、该产品的总体需求、仓库中的可调用数量或者改进后续产品的公告。就航空业来说，这些信息是起飞前的天数、旅行类型、飞机载客率的信息、航线上的航班取消率历史统计数据或者竞争产品。

正因如此，柏林航空倒闭之后，汉莎航空在毫无竞争者的航线上的价格迅速上涨。这个算法正确预计到，由于缺乏替代品，客户愿意支付有时比以前高出甚至数百欧元的价格。

决定性的数据也来自客户自己。比如，价格算法想知道，我们对价格有多敏感，我们搜索某个产品的频率，我们通常能够为此付出多少钱，我们对某一次购物有多么迫切。在此基础上，它可以计算出我们能够支付的最高价格是多少。数百个数据节点以这样的方式从不同的来源流入算法中。例如，仅仅通过我们的浏览器就能够得知，我们是否拥有一个新型的、高质量的设备，或者是一台老古董，我们浏览器历史记录中的临时文件会暴露出我们在哪个平台以什么样的频率搜索过某个产品。位置数据会泄露我们目前位于富裕地区还是贫穷地区，我们是处于法兰克福蔡尔街上的 Zara 还是位于柏林市中心的普拉达店铺。不仅如此，由于我们作为客户进行登录、提供积分卡或者被脸书和谷歌的临时文件识别，每当我们的身份被这样明确地辨认出来时，一些别的信息比如我们的购物行为、兴趣点和访问过的页面等，也会流入价格算法中。

由于供应商方面有这么多影响定价的因素，自然出现了一个问题，我们能做些什么来获得低定价。我经常听到这么一个观点：人们应该在一台旧电脑上搜索航班，而不是在一台新的苹果手机上搜索。坏消息是：很久以前就已经没有办法这么简单地骗过系统了。如此多的不同数据参与到价格算法中，以至于亚马逊德国负责人称其为"绝对的胡说八道"。他解释说，价格的制定不仅是考量了终端设备的选择，而是整个客户及其所有可用数据节点。他在接受采访时透露："当我们察觉到，某些产品在一天里为了某位客户多次形成新的市场价值，我们就会对此做出反应。"对我们这些顾客来说，坏消息是，我们不能仅仅通过在购物时使用不同的设备来购买更便宜的产品。而好消息是，我们绝对可以影响哪些数据会流入算法计算中。根据经验，我们泄露的数据越少——也包括通过脸书和谷歌泄露出去的，显示给我们的价格就会越"中性"。定期删除浏览器中的临时文件，阻止浏览器的一般性存储，打开隐身模式以及关闭自动跟踪，都可以对此有所帮助。人们还应该在不同的时间点和日期，在不同的门户网站比较价格，最好还要使用不同的设备，但与此同时，浏览器中的社交媒体配置文件不要处于被激活的状态。通常来说，新客户是能节省最多的。为了达到这个目的，人们不应该在便利的商家软件中购物，尤其是它已经认识你了，而是使用任一搜索引擎（已经在其中注销并删除临时文件）匿名搜索所需要的产品。这样所显示出来的价格通常会比您作为商家已经熟知的客户所得到的价格更加便宜。实际上，我们使用智能手机或者平板所支付的费用要比在台式电脑上支付的更多，因为商家认为我们正在路途中，没有多余的时间来进行价格比较。

我们很难通过避开价格算法来获得关于好价格的相对客观的陈述。但是，我们通过用户黏度计划、社交媒体或者作为"忠实"客户充满信任的行为所提供的数据越少，这就会变得越容易。如您所见，节省数据就是在购物时节省金钱！

通过软件我是否更容易觅得爱侣？

当假设的捷径被证实根本没有效果的时候，我们往往不得不故作坚强："一个月减掉 3 千克"——永远不会奏效。"7 个简单技巧练成健壮有力的身体"——没门儿。"通过软件找到合适的梦中情人"——唔，这个能行吗？

作为寻找伴侣的单身人士，人们特别愿意相信存在着聪慧的科技解决方案来疗愈孤独。毕竟算法能找到最佳战略计划，可以区分良性和恶性的细胞，或者为一个岗位选择合适的求职者。如果它不能为两个求爱者找到最佳拍档，那简直才是个怪事儿。如果人们相信提供服务者的承诺，那么当他们掌握尽可能多的数据时，就会起到奇效。在搜索开始时，通过填写一张调查问卷就会收集到不少信息。不同的服务提供者会有不同的问题，严肃的问题比如"慈善活动对您来说有多重要？"或者风趣的问题诸如"你喜欢恐怖电影吗？"这之后通常是关于年

龄、教育和身体方面的问题，然后算法开始运行。许多软件和
网页都宣称，通过数据比较能找到那些完美匹配的个人资料。
这背后隐藏着一个理论，即有相似兴趣的人更容易接近彼此，
从而增加坠入爱河的机会。但这真的可行吗？

通常情况下，公司将他们的算法作为商业机密进行保护。
因此，加拿大西安大略大学的科学家发明了他们自己的"凑对
子"机器，他们也想弄清楚，如何更好地使用算法将未来的恋
人聚集在一起。他们通过调查问卷收集了参与者的数据，并且
同时想知道，这些人对他们的梦想伴侣有什么样的期待。最终，
有超过一百个不同的特征和偏好被汇集到一起。接下来，研究
人员组织了一系列并不参考问卷调查结果的快速约会，然后接
着询问，谁还对接下来的浪漫约会感兴趣。对问卷调查数据和
约会的评估得出了一个有趣的结果：通过数据我们确实可以预
测出，小组中谁被其他人认为是最有吸引力的，并在接下来的
约会中占据优势。但实际上没有任何一条证据可以证明，算法
可以预测出两个人之间的适配性。因为当人们试图在现实生活
中约会时，他们的行为是绝对无法预测的：之前表示讨厌吸烟
者的人们要求与尼古丁瘾君子继续约会，因为他们喜欢对方的
幽默和性格。有人说年龄上限是 30 岁，却和一个 40 岁的人有
一场完美约会，因为其冒险精神让他心驰神往。就像在现实生
活里一样，最终决定一个人魅力的还是他在真正的约会中才不

经意展现出来的非常私人的方面。这些之前在问卷中没有提到过的方面，正是算法无法对其进行评估的原因。

在研究了 eHarmony 平台上 150 000 条数据记录后，牛津大学的一项调研也得出了类似的结论：虽然人们之前在软件中是这么说的，但是实际上他们对于抽烟和喝酒等常常被提到的标准并不会产生那么多困扰。

这项调研的结果表明，软件或者网站可以帮助人们开展一段伴侣关系，因为它创造了谈话的由头并且使愿意缔结伴侣关系的人们互相可见。但是实际上这些软件的作用并不比其他机遇要好，比如与朋友见面、庆祝活动和派对以及工作中的接触。成功的可能性只会随着契机数量的增加而增加。没有人能够预测，一次约会后是否能有所收获。因为两个人之间的契合度并不能通过算法来预言。两个人的每一次见面都会根据情况产生一个全新的动力，这比他们两人事先给出的数据和偏好来得更重要。成功的关键在于可能接触的次数，而不是算法。太遗憾了，在通往幸福的道路上又少了一条捷径。但是也许有一个在线问答可以帮我找出，什么让我感到快乐？

我可以相信在线测试吗？

"你是哪种类型的朋友？""您有患糖尿病的风险吗？""你是

哪一位迪士尼公主？""您晚年能负担得起什么样的生活水平？"

　　这些问题看着眼熟吗？您是不是也因为好奇或者无聊而曾在脸书或者别的网页上参加过类似的测试？您完全可以痛快承认。您不是唯一一个这么做的。数百万人都参与其中。Lead-Quizzes 是一个负责提供能够创建此类问题的软件的公司，仅仅是它一个就声称已经为它的客户收集了来自自愿测试者的近7 500 万条数据记录。因为这正是开发此类测试的原因：为营销目的而收集数据。

　　这些测试持续多年的受欢迎程度一次次让我感到惊讶。有足够的证据证明这些在线测试会被用于什么目的。其中最重要的也许是被称为"剑桥分析丑闻"的事件，它严重损害了脸书的声誉。英国《卫报》在 2018 年发表了一篇报道，并在其中揭示了一家公司如何在脸书上窃取超过 5 000 万人的数据。那时，这个社交网络巨头允许广告商使用开放通讯协定的接口收集人们的数据，不仅是那些出于测试目的而同意使用此接口的人，还包括他们对此一无所知的联系人。丑闻始于剑桥大学心理学家亚历山大·科根（Aleksandr Kogan）制作的在线性格测试，它吸引了数十万人。据称这项测试服务于科学目的，考虑到发起者的出身，这对大多数人来说似乎是相当可信的。32 万美国脸书用户进行了测试，因为他们想知道自己的性格特征是什么。我们所有人都很好奇，自己本身性格如何，并且乐意在现有的形象中得到印证。

柏林洪堡大学心理诊断学教授马蒂亚斯·齐格勒（Matthias Ziegler）在接受采访时解释了确认机制："结果通常是非常积极的——也就是说，我们做了一个这样的测试，其结果让我们感觉更好。人们称之为自我提升。"科根的测试中使用了所谓的"大五人格理论"或"人格五因素模型"（英文 Big-Five-Model，德文 Fünf-Faktoren-Model），其中人们的性格特征按照梯度被分成了五个维度，分别是开放性、尽责性、外倾性（社交性）、相容性（同理心）和神经质性（情绪不稳定和脆弱性）。我们会在职业机器人那一章节再次遇到相同的测试，因为它在专业领域也很常见。完成了在线问卷的 32 万美国人都同意了在问题结束后允许访问他们的脸书个人数据资料和联系人。因此科根从所有的参与者，以及他们的朋友那里额外获得了每人大约 160 多组数据——然而这些人对数据传输一无所知。最终，有超过 5 000 万份素材可供使用，这些素材被科根在 2014 年出售给了剑桥分析的母公司。这个公司又在 2015—2016 年的美国总统竞选中使用了这些数据，以此通过个性化定制的信息来影响选民的行为。

对于脸书来说，这个事件演变成了一场真正的公关灾难，因为很多人在这场丑闻之后才知道，这家社交媒体公司的商业模式是以向广告商出售他们的数据和联系人为基础的。在这种特殊情况下，传递诸如性格特征等非常私密的信息变得更加困难。不仅如此，在竞选中使用数据引发了一场更加广泛的讨论——社交媒体平台是否会对民主产生威胁。

这样的事会不会再次发生？迪士尼公主测试和您的幸福瞬间测试是不是与性格测试一样危险重重？

虽然脸书由于这次丑闻更改了它的数据传输准则：现在它的合作伙伴无法再访问第三方联系人的数据，但是他们仍然可以访问参与者开放的信息。这些信息仍然可以被汇集了此类测试的陌生网站使用。他们通过临时文件访问脸书的数据，方法是将数据片段加载到用户的浏览器内存中，以此来清楚地识别出这些信息。人们在任何一个网站上做的在线测试都逃不过脸书及其广告商的视线。这些信息紧接着就会对人们随后在网上看到的广告类型产生影响。从用户处收集到的信息是否会成为下一次数据丑闻的一部分，还不能一锤定音，但是经验表明，这通常只是时间问题。

您应该知道，在大多数情况下，在线性格测试是一种很有效的营销。它能用一些策略区别出，如何将您和您的个人信息转化为有价值的营销资金：这些测试通常由一个接一个排列的单独页面组成。因此，您往往会在每一个问题或者每一次点击之后看到一堆新的在线广告，这样就会增加网站运营商的广告收入。此外，这些测试还用于收集联系信息。您的联系方式的高价值主要源于您对某一个主题的关注。比如，当您参加油管糖尿病风险的测试，广告公司就会认为您的健康对您来说是有价值的。最后您会收到一些一般性的信息作为对您的评估，并且提示您：一份更精确的评估、"免费学习"服务、一份"营养计划"或者别的礼物会在您提供电子邮箱之后发放——这才是最值钱的部分。比如对一个食品公司来说，他们会很高兴，将您的邮箱地址连同别的附加信息一起买下来，这些信息包括您有健康意识并且同意接收相关广告。

在与您取得联系之前，这些测试还被用于精确地鉴定客户。比如，如果您回答了有关退休之后理想生活水平的问题并且透露了您的高收入水平或者家庭状况，那么广告商就会想当然地认为他们随后有给您提供高价产品的必要性。

在大多数情况下，参加在线测试并没有那么危险，但是它的结果几乎不值得您回答问题所花费的时间。对于脸书和它的广告商来说，这项业务当然绝对是值得的。因为您参加的每一次测试，都能够通过一些个人偏好和信息来补充您的个人资料，使其价格上涨。

如果您以前参加过类似这样的活动，也可以在之后删除这些链接。为此，请在平台设置中找到已授权的软件和网站，然后删除所有不必要的授权。这可以减少脸书及其旗下 WhatsApp 和 Instagram 收集我们的数据。除了测试软件之外，互联网上也有很多数据存储的指南。一年里您至少得检查一次您的账户。如果您真的想知道您是哪一位迪士尼公主，那干脆就去迪士尼乐园试试吧。脸书可能会为您支付旅行的费用。正如我们稍后会看到的，您的数据绝对值这个价！

我的数据值多少钱？

看完这些例子，所有人应该都已经清楚我们的数据非常珍贵，毕竟当今世界规模最大、最富有的企业都是建立在这一资源的基础上的。但是我们的数据到底值多少钱？如果我可以向谷歌和脸书开发票，开多少金额比较好？咨询这两家公司可不是一个好办法。我们必须自己来算算。

我们假设，脸书和谷歌主要是通过向广告商出售我们的用户数据来赚钱，并且为了简单起见我们忽略他们的额外收入来源，那么可以进行如下计算：公司销售总额除以活跃用户的数量等于每个用户的收入。谷歌在 2020 年仅通过其每秒钟会进行 63 000 次搜索的搜索引擎就狂揽超过 1 000 亿美元。

虽然该公司并没有透露，它到底拥有多少用户，但是我们知道 45.7 亿互联网用户中，有超过 90.4% 的引擎搜索都是通过谷歌完成的。由此可以计算出一个 24.21 美元的理论价值，这是广告商为 43.9 亿谷歌用户中的每一个而平均向谷歌所支付的数额。而脸书方面，2020 年超过 800 亿美元的收入在除以 30 亿用户之后，每人每年的收入为 26.67 美元。

所以在 2020 年，我在这两家公司的个人数据理论上应该值 50.88 美元。

由于两家公司都已经上市了，所以除此之外还有一个有趣的问题，我的数据对投资人和股东来说价值几何？当然，市值是不断变化的。在任意一个时刻，谷歌在交易所的价值为一兆美元（即一万亿），那么平均"用户市值"是一万亿除以 43.9 亿等于每个人 227.70 美元。而脸书市值 5 850 亿，至少还有 195 美元。如果这两家公司已经让我对他们的平台产生依赖，那么他们会友好地给我寄出价值 422 美元的股票吗？

为什么我们不远离社交媒体？

我们双方的关系很是复杂。

我已经三度拒绝使用 WhatsApp。每一个新发现的安全漏洞，每一个新的丑闻，每一篇关于马克·扎克伯格名下的某个公司如何通过用户数据的积累发了一笔横财的新文章，都让我的不满与日俱增。直到这个不满不经意间变得巨大，终于让我删除了我的账户，并用一个气贯长虹的手势把这个软件从我的手机里删掉。这种感觉太棒了！终于自由了。终于不再是这邪恶的数据怪物链条上的奴隶了。

　　我热情地试图让我的朋友们相信更安全的替代品（比如Threema 或者 Telegram）的优势，并为回头是岸的人由衷开心。没有 WhatsApp、脸书和 Instagram 的生活会更美好。这三个软件在数据丑闻和滥用用户数据方面"鹤立鸡群"，不安装这三个软件会让生活更安全。我不会再收到连环信件或者愚蠢的表情包，也不再浪费大量宝贵的时间来阅读那些几乎完全不重要的更新。除此以外，社交媒体还有可能导致成瘾。DAK（德国保险公司）的一项研究发现，德国 2.6% 的儿童和青少年都符合成瘾标准。这些理由已经足够让我们不再怀念这些被删掉的软件了！

　　但也会发生一些别的事。比如当我和朋友一起度假的时候。亚历山德拉在远足旅行中拍下了漂亮的照片并分享在群聊里；西尔克很会做饭，并与其他人分享了她最喜欢的奥托伦吉食谱；弗洛里安分享了他的音乐列表，作为昨晚和我喝酒时的背景音乐。我忍受了整整三天，然后屈服了。不想再当那个唯一的傻帽。我迅速把 WhatsApp 下载回来，快速重新激活了账户。啊，甚至账户中还有曾经的记录。等等，我不是已经把它们全部删除了吗？算了，无所谓。我很高兴再次成为世界的一部分，并充满感恩之心地给我的亲友们群发图片和问候，从此他们能够再次与我分享他们的菜谱、音乐列表和快照。对我来说，这是再次抓住我的朋友们。对我姐姐来说，是幼儿园的父母联谊群。对一个职场人来说，是来自世界各地的新的与会者，他们在小组中交换 PPT、链接和照片，并有可能开展新的业务联系。回归到扎克伯格的产品几乎总是与想要或者需要成为社区的一部分密切相关。或者是被排斥在社区之外的恐惧带领我们重回即时通信的世界。

我们已经成瘾了。近 30 亿人使用着来自同一家公司的 WhatsApp 和脸书即时通信，这两个通信软件因此成为全球最受欢迎的信息交换媒介，并且让我们依赖于它，没有任何一个别的竞争软件能做到这样。它们用起来方便舒适，性能良好。当然，最重要的是几乎所有人都在使用它们，使之成为社交生活的万能钥匙。

任何曾经试图摆脱它的人都知道，退出社交媒体可能比戒烟的感觉更糟糕。这没什么好让人惊讶的，因为脸书程序是精密的成瘾机器。神经科学家达尔·梅什（Dar Meschi）首次尝试在柏林自由大学对正在使用社交媒体的人进行核磁共振。脑部扫描表明，每一次点赞，大脑的奖励中心都会相应地有一次活动，这个部位在进食、进行性行为或者使用药物时尤其活跃。甚至平台的设计者也承认这一点：负责点赞按钮的脸书前员工贾斯廷·罗森斯坦（Justin Rosenstein），现在是反对社交媒体行为操纵最坚定的斗士之一。他谈到引入点赞按钮是为了增加用户间的情感联系——这与其他措施同时实施，例如使页面仿佛永远没有尽头似的无限制向下滚动。社交媒体的持续的互动感使我们产生了我们与世界永久联系的错觉。对我们来说，与脸书的分离给我们带来了情感上与世界其他部分的分离。由于这种操控机制，我们在使用它的时候形成了高度的容忍度和忠诚度，即使我们知道该公司正在暗中监视我们，出售我们的数据并且忽视安全漏洞。近几年，人们无论何时在搜索引擎中输入"脸书丑闻"，总会有一些新鲜的丑闻出现。在我写这本书的时候，我也这么做了："即时通信软件中的新型安全漏洞：攻击者可以不被察觉地安装应用程序。"

这次我能成功地永远删除我的账户吗？

我在一个过滤泡沫里吗？

当我在谷歌搜索引擎里输入"Facebook"时，首先出现的是关于这家社交媒体巨头安全性的评判文章。如果我的银行顾问在谷歌中搜索"Facebook"时，她可能会首先看到股票投资提示和投资人信息。而我的一个用户体验设计师朋友，他看到的可能是关于社交媒体稿件设计的网页。在这里，谷歌搜索引擎给用户提供了方便的个性化设置，我们不用费力地滚动浏览数千个结果直到我们找到自己感兴趣的内容。相反，根据和我们的互动以及从我们这儿收集到的数据，算法知道什么对我们来说是重要的，然后把这些信息首先展示在我们面前。被判定为不太重要的信息会更靠后出现或者被隐藏。这就是使用算法提供个性化内容的搜索引擎、社交媒体平台和其他数字产品的工作方式。这种根据我们的需求来定制的选择有一个很明显的缺点：那就是缺乏多样性，因此接收到的信息不太客观。如果我们忽略这些被大量存储下来的关于我们的数据和知识的价值以及它之后被用于什么目的，那么这笔交易并不是那么糟糕。我们大多数人都乐于付出这样的代价，因为我们因此而避开了大量的垃圾信息并且获得了只与我们相关的、合适的信息。

十多年前，媒体评论家埃利·帕里泽（Eli Pariser）将这种通过算法缩小个人信息选择范围的行为称为"过滤泡沫"。他提出了这样一个观点，即算法的选择会随着时间的流逝而变得越来越狭窄，直到某个时候我们只能在自己稀薄的观点海洋中冲浪。这会导致我们的世界观非常固化，很容易受到这些专门用于证实和强化我们观点的信息的操控。泡沫理论带来的可怕场景是这样的：我们精神活动的领域由于泡沫而越来越狭窄，因此我们沉溺于自己的观点，变得越来越极端。"过滤泡沫"这个理论被广泛传播，经常在有人谈论到技术巨头的（无可争议的）市场力量或警告数字化带来的后果时被引用。像许多德国政治家一样，美国前总统奥巴马也提到过这个理论。

　　这并不能使关于这个理论的争论减少。几年后，埃利·帕里泽似乎为数字社会感觉上日益增长的思想局限性找到了很好的解释。但是与此同时，他的模型也存在着不足。算法根据个人数据选择信息当然是正确的。事实同样证明，每一条信息——比如社交媒体的信息——都会操纵我们并可能因此影响我们的情绪和行为。泡沫理论也提供了一个很好的契机来更深入地研究"注意力经济学"——比如通过成瘾性服务进行的广告插入。我们越长时间地停留在谷歌和脸书的页面并查看嵌入其中的广告，他们的商业模式就运作得越好。而我们首先乐意在找到为我们量身定制的内容以及个性化服务的地方停下来。没有这些泡沫，数字平台上的业务就会减少。

　　然而，帕里泽设想中对我们个人和整个社会的长远影响似乎被夸大了。因为只有我们完全身处泡沫中时，这个泡沫模型才有效果。让我们在脑海里演示一下：我们可以假设自己身边全是"扁平地球理论拥护者"，这些人正在收集地球是一个扁平圆盘的证据。扁平地球协会事实上在全球拥有 3 500 名成员，他们坚信地球这个圆盘的边界有一堵坚固的冰墙。我们在脸书上和这些人成了朋友并且在谷歌上搜寻相关的伪科学家。随着时间的推移，算法会适应我们和我们荒谬的朋友，并为我们避开大量在几个世纪以来被证实过的科学。因此，我们主要会看到关于平面地球的内容。这会使我们自动成为这个奇怪邪教的追随者吗？不，并不会，因为我们不会完全生活在网上而脱离现实。媒体科学家伯恩哈德·珀尔森（Bernhard Pörksen）解释说："网络的本质是链接。每一个链接都是潜在的通往另一个现实世界的门票。人们只需要点击它，这样人们就会不可避免地被弹出自己的过滤泡沫。"网络之外还有生活。因为某些时候我们不得不离开自己的房子。在街上、在超市里以及在工作中，我们会阅读报纸头条，看带有地球仪的海报，接收邮件，和他人进行讨论。他们可不会接收这样的观点，反而会津津有味地和我们争论地球是一个球体，而我们的大脑显然才是一个扁扁的圆形盘子。

我们当然依旧会阅读到更多关于"扁平地球"的信息，但也会充分地接触到反对意见，这清楚地向我们表明，大多数人的想象不会止步于圆盘边缘的冰墙。泡沫会破灭，这个理论也不再那么可怕。

我们可以确保的是，对于大多数话题，例如政治，我们都能接触到不同的信息。一些是通过算法泡沫过滤出来的，另一些是通过我们朋友圈的社交泡沫过滤的，还有一些是通过较为客观的每日新闻或者甚至是在派对上与持有不同想法的人发生争执时接触到的。

"过滤泡沫"理论为我们提供了一个有趣的理论模式，它提醒我们，在数字媒体社会中参考大量不同来源的信息有多么重要。在这一点上，我只能鼓励我们所有人，为那些经过深入研究和编辑整理的内容进行付费。那些在脸书提要中的个性化新闻版块无法取代专业的记者和媒体制作人，即使大型社交媒体平台本身也在越来越多地尝试在有限的程度上实现观点的多样性和广度。如果平台没有事先就以审查方式进行干预（正如他们越来越频繁所采取的做法一样），那么帕里泽提醒我们要仔细选择在提要中看到的新闻并且反复检查它们的来源。关于这一点我们稍后还会提及。

社交媒体可以对我进行审查吗？

鉴于美国的政治危机，在乔治·弗洛伊德（George Floyd）被警察杀死之后以及新冠肺炎疫情暴发期间，当时的美国总统特朗普找了推特不少麻烦。推特公开标记了他的几条关于弗洛伊德和新冠肺炎疫情的推特是不真实的，还指明了更正后的事实。特朗普因为感到自己被推特所制约而怒不可遏。但他应该感到高兴，这家社交媒体巨头"仅仅"采取了这一项措施。因为近几年来，Instagram、脸书、油管和推特等社交媒体平台都在使用一种更加立竿见影的方式来制裁不被他们欢迎的用户或内容。这种方法被称为"小黑屋机制"（Shadowban）。此机制作用之下，帖子、评论甚至是个人资料的可见性都会受到限制，只有用户自己或者他们的直接联系人才能看到这些内容，而其他人都是看不到的。受此影响的用户通常不会注意到任何异状，只是会对自己发布的内容回复突然减少而感到惊讶。

网络运营商使用算法来实现锁定，但对于完全公开承认这些措施非常谨慎。同时也很难详细地去求证，因为算法是作为公司机密受到保护的。一般来说，有一个方法是通过第三方账户不能显示自己的内容来证明此禁令，虽然您本人仍然可以看到。

在过去，已经有很多不同的"小黑屋"案例被人所熟知。例如，Instagram 会防止用户使用不正当手段来试图宣传自己的主题标签、好友列表或者文章内容。据称，还有某些内容提供商将 LGBTQ+ 的内容降级，以便使人们不再看见那些活生生的同性恋者。据媒体报道，同样的情况也发生在了超重的人或者那些被识别出有自闭症、唐氏综合征或者兔唇的人身上。面对这种指责，该公司解释这是为了使这些用户免受仇恨言论和网络霸凌。审查机制作为保护措施？得了吧！

Instagram 也会禁止有可能引起"性刺激"的帖子。根据英国《卫报》的一篇报道，这也包括了裸露上半身或者酷儿用户处于一些并不会使人联想到性的场景中的照片。根据他们自己的说法，脸书禁止"虚假报道""误导性发言"以及"错误信息"。根据不同国家的政治情况，这些措施可能仅仅在当地实施，而在其他国家仍然可以看到这些内容。

出于多种原因，平台通过"小黑屋机制"对言论自由施加影响是有问题的。第一，它具有不可反驳性，因为大多数案例甚至没有被公开，也没有相应的投诉机构；第二，由于算法是作为商业机密受到保护的，所以很难去求证一个帖子到底是因为什么而被禁止；第三，企业在没有相应的专业知识或者合法性的情况下就来评判许多话题领域的是非对错；第四，这些措施没有对公众透明地实施。

当然，拥有难以想象影响力的平台必须把控在其上可以被看到的内容。世界各地的各种法案越来越多地迫使它们封锁和删除非法的、暴力的或煽动性的内容，前提是这些内容与现行法律相抵触。但是，不违法的虚假信息或误导性内容最好是将其标记，而不是删除或者封禁。因为这属于民主的本质，在存疑的情况下，应该由法院来决定其是否符合法律，而不是商业公司。不受欢迎的观点也属于观点多样性的一部分。因此，与"小黑屋机制"这种懦弱和不透明的做法不同，关于删除或提及待更正的事实，应该存在合情合理的、可提出异议的信息。这就是推特对来自政客或者政治说客的推文中明显的虚假信息的处理方式。该公司后来完全关闭了特朗普的账号，这进一步加剧了关于社交媒体政治权利的争论。

网页上有秘密的操控技巧吗？

"这个秘方让每顿饭都变成节食！"这些链接、图片和标题被称为点击诱饵，它们利用耸人听闻的宣传方式引导我们访问被广告污染的网页，而这些网页上顶多只有虚假信息。这样做的唯一目的是产生尽可能多的访问者，从而获得最大限度的广告收入，有时甚至不惜为此传播恶意软件。出于好奇而点击这些链接的用户在业内被称为"点击牛"。如果您现在觉得好像自己被抓包了，因为您也曾被这样的文字和图片所吸引，不必觉得太糟糕。它发生在我们所有人身上！随着时间的流逝，驱使我们点击网页的方法变得越来越精密复杂。

为此，页面的设计者使用深色模式，这些设计元素旨在诱导用户进行某些与其实际兴趣背道而驰的点击。比如说，我们经常遇到的是在网页上发布临时文件和收集个人数据。作为用户，我们有必要尽可能少地泄露个人数据。而反过来，网站运营商努力收集尽可能多的数据从而赚取更多利润。因此，请求对话框的设计是与此相匹配的：它通常有一个蓝色或者绿色的大按钮，通过它我们可能不经大脑地按下一个带有积极意味的"OK"或者"YES"，然后就同意了其对我们个人数据的收集。当然还有出于数据保护原因对我们更有利的链接，它们相比之下隐蔽得多，通常用很小的浅灰色字体，通过它我们可以拒绝数据收集或者专门停用临时文件。根据《通用数据保护条例》（DSGVO），我们有权利这样做，而且是值得这样做的，因为几乎所有网站上的临时文件背后都隐藏着这些专业的数据收集者，比如 DoubleClick（美国一家网络广告服务商）、谷歌或者脸书。

许多想要向我们出售商品的在线商店和网站也会使用此类设计元素。在这里，导致购买行为或者签约订购的按钮通常被故意设计得很有误导性。"在没有广告的情况下阅读本篇以及每天 300 多篇文章"，这暗示我们需要点击这个按钮才能继续阅读，但这实际上会导致我们签约订购；"广告之后继续阅读"这个更不起眼的灰色链接才能让我们在不花钱的情况下读到文章的最后。操纵性甚至欺骗性的设计元素的武器库是个无底洞。比如表示允许时，有一些开关按钮用通知消息折磨着我们，它的状态"开"是灰色的，而"关"是彩色的。在视觉上让用户感觉正确的东西却导致他们在内容上做出完全错误的决定。再比如，有一封电子邮件，其中要求我们通过一个按钮来实现"完成已经开始的注册"或者"避免数据丢失"。但是仔细一看才发现，它只是一封促销邮件，如果直接删掉它，我们既不会丢失数据也不会遗漏什么内容。不幸的是，一些信誉良好的大型供应商，比如《时代周刊》（*Die Zeit*）、《明镜周刊》（*Der Spiegel*）或者亚马逊也一次又一次地使用这些深色模式，您可能很快在下一回就碰到它们。

我们的智能手机在偷听吗？

前段时间，我每天下午都和朋友们坐在咖啡馆里激烈讨论连续剧。我的一个朋友对他刚刚看过的《权力的游戏》（*Game of Thrones*）中的一集赞不绝口，并向我展示了其中一个片段。老实说，我对角色和主题不发表太多看法，但是我觉得龙实在是太蠢了。几天之后，我在网站和脸书上阅读新闻的时候，突然看到很多中世纪游戏的广告，这个系列视频的供应商向我提供了一个月仅 4.99 欧元的"权力的游戏订阅"。这是巧合吗？还是因为我记得这段对话所以才注意到这些广告？

同样的故事总是发生在世界各处，人们突然看到某个主题的广告，而关于这个主题他们只是口头交流过，并没有事先在网络上搜索。在我无法完全摆脱这些"龙"之后，我对这个话题更感兴趣了，并开始寻找相关的研究和证据。在这个过程中我碰到了手机游戏和广告的奇怪组合。很显然，这种带给我"龙的困境"的应用程序在多年前就已经出现在安卓和苹果的应用商店里了。它们可能是一些看上去非常实用的日常生活助手，比如手电筒或者汇率转换器。一些给小孩儿玩的游戏也是怀疑对象，他们可以在其中扮演冰淇淋商人、牙医或者厨师。苹果应用商店里面充斥着大量这样的程序，它们凭借有趣的彩色缩略图、看上去不错的用户评论和非常便宜的价格（通常是免费的）来吸引人们下载。这些程序安装很快，只需要确认一些特定功能的审阅权限的设置，就可以开始玩了。

我们并不愚蠢，并隐约感到当一个东西是免费的或者非常便宜的时候我们应该始终保持警惕。但是它们会造成什么损失呢？谷歌和苹果不也会定期检查这些公司吗？因此在我看来，仔细研究此类程序的供应者似乎是个好主意，毕竟我们允许它们访问我们所拥有的最私密的设备。在我尝试更多地了解软件开发人员或者他们的隐私权限时，我最终选择了位于班加罗尔的KLAP寓教于乐软件，以及位于以色列的变色龙工作室。奇怪的是，这些公司的网站根本无法访问，而且数据保护信息的页面也找不到——实际上这是法律强制必须显示的。我只能推测，这背后可能有隐情，或者数字化初创公司的寿命较短是这种情况的根本原因。在数百个此类软件的背后隐藏着来自同一家硅谷企业的代码，这家企业名叫阿方索（Alphonso），它专注于能够让公司以非常具有针对性的方式投放广告的产品。根据首席产品官拉古·科迪格（Raghu Kodige）的说法，广告、电影或者电视剧都会被分析。阿方索利用机器学习，从源源不断的娱乐内容中筛选出对象、语言、品牌名称、行为或人物，然后将它们归纳在索引中。该公司的第二步是访问那些在大多数情况下神不知鬼不觉地从数百万手机里录下来的录音。阿方索自己并不使用自己的程序做这件事，而是在过去将其代码放置在了来自世界各地软件公司的数百个游戏或者实用程序中。通过这种方式，科迪格先生的软件可以通过将录制的录音与分析过的节目内容进行对比，然后就能识别某个人正在观看哪些广告、电影或者电视剧，或者他在听什么音乐。

现在我们越来越接近中世纪广告在我生活中扎堆的可能原因了：首先，这个来自加利福尼亚的算法分析了《权力的游戏》这部电视剧，因此可以凭借录音中的特定内容或者声音识别它。除此之外，一个广告公司——比如经营《权力的游戏》的视频提供商——已经通过一家代理商预定了在线广告，向所有对奇幻系列感兴趣的人们进行展示。前几天我坐在咖啡馆时，我手机上的麦克风无意中捕捉到了部分谈话以及那段我朋友展示给我的剧集片段。录音可能是由"我的小小冰淇淋沙龙"或者"啤酒乒乓球技巧"等免费游戏触发的，我在某个时候无意中允许了它们访问我设备上的麦克风。直到今天我也没有发现到底哪个软件是罪魁祸首，反而为了安全起见我先删除了所有存疑的软件。但是这也许还不够。

2020 年的夏天出现了比游戏软件还要多的嫌疑犯，因为突然间一些常见的苹果软件没有办法启动了：其中包括抖音、声田（Spotify）、火种（Tinder）、品趣（Pinterest）或者打车软件

FREE NOW 和导航服务 Waze。这是由于 FacebookSDK（软件开发工具包）中的一个错误代码造成的。您现在肯定会问了，脸书的代码是怎么进入这些程序的？这种软件开发工具包实际上被应用于大量的软件中，其功能范围从使用情况分析，到应用程序中广告显示的统计，再到"使用脸书进行登录"等。这意味着看起来完全清白的程序也会源源不断地向社交网络发送数据。这包括敏感数据，比如来自经期、健康或健身软件的数据。令人恐惧的是：仅仅只需要通过安装一个对这种数据传输有帮助的软件，脸书、谷歌或其他的广告提供商就能够获知并且将这些重要信息保存在关于我们的相应数据记录中。

东北大学学者艾伦·潘（Elleen Pan）的一项研究检测了来自谷歌应用商店和其他软件市场中总共超过 17 000 个应用程序并发现，这些软件会在用户不知情的情况下进行拍照或者被动监听人耳听不见的超声波音频标识符。他们发现了大量需要广泛媒体权限的应用程序。艾伦·潘描述了这个令人震惊的规模："我们还从第三方库中发现了一个以前从未报告的隐私风险，这些库会在不通知用户的情况下记录和上传屏幕截图和视频。这可以在不取得用户同意的情况下完成。"

但是，在您变得偏执并将手机藏进微波炉里之前，我还在我的研究中发现了一些好消息。在其他的研究中我们发现，那些最常被指控会秘密监听的应用程序：Instagram、脸书、油管或者亚马逊——并不能完全做到这一点。在它们那儿找不到任何秘密录音。至少苹果和谷歌在不断地提高他们操作系统的安全性，因此对第三方公司来说，在完全不被发现的情况下操控摄像头和麦克风变得越来越困难。最后，降低软件的使用频率也对已安装的应用有所帮助：删除您不需要的应用程序，只允许其他应用程序非常有限地访问您手机的系统服务。

即便如此，数据爬虫也会竭尽全力从所有可能的途径和设备中收集尽可能多的关于我们的不同数据信号。只有当出于广告目的的数据收集不再是一项有利可图的业务时，所有窃听活动才有可能结束。比如，当我们最终认识到大多数广告完全忽视了我们的个人利益时。

为什么我们会接收到如此糟糕的广告？

理论上，数据商会永无止境地收集我们的信息，以便为我们提供量身打造的产品。而事实上，我们却收到了太多无关紧要的垃圾信息，以至于我经常被迫笑出声。我看到过监控摄像头、手工缝制登山鞋、休闲躺椅和楼梯升降机以及女鞋、维生素片和性玩具的广告。一般来说，我不会想购买这其中任何一个产品。我之所以会看到这些奇奇怪怪的大杂烩，是因为出于工作原因我会对很多不同的事物产生兴趣，在写这本书的时候我也对很多主题进行了成百上千次的搜索。因此，在谷歌和脸书的数据库中我一定得到了"全能买家"的大奖，当我上网时，广告算法摩拳擦掌跃跃欲试，因为它们可以向我展示所有商品的广告，而某家可怜的邮购公司不得不为此支付广告费用。每次我们访问带有广告横幅的网站时，在调出网页的瞬间都会有一个快速的由计算机控制的拍卖，公司竞标向我们展示他们的广告。在我们从浏览器中调出网页的一瞬间，关于我们的可用数据就会被传输到拍卖软件上，然后拍卖软件会自动收集投标人的报价。拍卖一结束，网页的所有内容连同这个广告横幅就会展示在我们面前。通常来说这个过程非常迅捷，以至于我们什么都不会察觉到。

我们还会在不同的网页看到相同的广告。我们在很多平台都会看到相同的广告横幅是因为所谓的"重新定位"——最好把它翻译成"重复定位"。举个例子，德国南部的一家时装公司追着我好几周给我展示女士夏季凉鞋，原因是我在网上为我妈妈搜索了一件夹克。首先我是一个男人，其次我只穿全包式的鞋子。然而，在我访问《明镜周刊》网页版或者阅读 *Mashable* 上的文章时，或者在脸书的时间线旁，我一直不断看到这个新款女士凉鞋。这些广告让我非常恼火，以至于我甚至想买下它只为了得到片刻安宁。然而可惜的是，其相应临时文件的编程通常非常糟糕，一次成功的购买并不能阻止同一产品进一步的广告攻击。

通过重新定位，来自广告服务器的一个像素级的微小图像被集成到一个网站。只要我通过查看页面调用出像素，它就会在我的浏览器内存中留下一个临时文件，同时保存一个我的兴趣指向（比如"访问商城 www.muttersjacke.de"或者"对产品12345感兴趣"）。当我现在正去往另外随便哪个链接了同一广告服务器的网页时，服务器就会读取临时文件，发现我正在妈妈们的夹克店里，然后插入这家商店经营者有针对性的广告——由于季节原因，当然就是夏季凉鞋。如果不想发生这样的事，您必须首先删除浏览器设置中的所有临时文件，然后确保没有新的临时文件可以被储存——通常来说这是一个好主意！现在我很确定广告服务器非常清楚地知道我是一个男人，因为还有很多可以辨别我身份的其他数据：我的 IP 地址、我使用的计算机或者使用的来自谷歌、脸书或其他以广告为生的供应商的扩展程序。但是广告服务器显然没有理由阻止一个像夹克店这样的广告客户在我身上投放他们的广告，因此他们不会提醒时装店，他的女士凉鞋广告非常不合时宜。

我可以完全防止重新定位吗？一些浏览器已经有了应该被用户激活的"防跟踪"设置——但是这只能很有限地抵御那些不受欢迎的夏季凉鞋，因为一些传输的数据，比如浏览器信息、位置信息等仍然可能让我们被识别。

此外，我也可以尝试安装广告拦截器来避免所有广告。这不会阻止我被识别，但它会为我删除已被识别的网站代码中的广告。大多数网站运营商和许多以广告收入为生的出版商自然会发现这不太美妙，并经常抱怨这些广告拦截器的合法性。到目前为止他们还没有如愿，因为这些程序还能防止部分犯罪活动，因此是非常有用的安全工具。因为欺诈广告和包含恶意软件的广告也不在少数。联邦信息安全办公室（BSI）一再解释说，攻击者可以将有害程序伪装成广告横幅来操纵网站，然后他们的代码会自动植入目标网站。这样，一个完全正常且受欢迎的网站就突然变成了恶意软件的传播者。

为了在网络中完全不被识别地游走，作为最后的手段，我们可以尝试使用一个匿名的 TOR 浏览器，并且从不登录任何页面或者服务。但这对大多数人来说意味着与世隔绝，也不是特别适合日常使用。因此，我们大部分人只能忍受不合时宜的广告，并且在可能的情况下用尽一切办法尝试限制烦人的个人数据收集。

在本章最后两节中，您已经了解了许多对其进行限制的方法。幸运的是，现在政治家们终于觉醒了，并且开始越发频繁地探求相关机制以及数据收集的合法性。事实上我们客户和消费者是占有优势的。有许多不同的方法来扩大优势，每个人都必须自己决定哪些是正确的：拒绝使用、删除个人资料、彻底的隐私设置或者公开表达批判——你们都可以为此做出贡献，将"隐私与广告"之间的比例调回到一个健康的，更重要的是，公平的范畴。2020 年年中，数千名国际广告商对脸书的抵制可能为大平台敲响了警钟。在公众的压力下，许多公司从该平台撤回了广告费用，因为用户认为，在乔治·弗洛伊德去世后，该平台没有充分地表态反对种族歧视。我相信在接下来的几年里我们会看到更多的像这样对大型技术平台的反抗。这些平台的力量变得如此强大，以至于持续不断地冒犯到别人。

移动性：软件变得比硬件更重要

03

CHAPTER

汽车只能以预订服务的形式存在吗？

我的最后一辆汽车是敞篷车。当时我在一家大型汽车制造商的代理机构工作，因此拥有了一辆流线型、动力强劲、适合在天气美好时驾驶的汽车作为公务用车。在夏天伴着喧闹的音乐开着敞篷车穿过勃兰登堡的草地，这感觉真是太美妙了！

那已经是 12 年前的事了。从那以后我就没再有过私人汽车。取而代之的是我手机里的共享汽车软件、各种双轮踏板车、小型摩托车和自行车租赁软件、德国铁路软件、一些出租车服务以及若干来自世界各地的"公共交通"服务提供商。我应该怎么说呢？虽然勃兰登堡的夏日轻风不见了，但是我有了比以前更多的出行自由，因为我可以根据情况选择最好的交通方式。这不仅省钱，更重要的是当新的交通工具或者软件功能出现时，我还能每年获得几次免费的出行方式升级机会。

没有不谦虚的意思，我发现这让我成了出行先驱。但是统计数据并没有为我正名，因为在 2020 年 1 月 1 日，德意志联邦共和国注册的小汽车数量达到了有史以来的最高水平，约为 4 770 万辆。然而近年来也产生了一些决定性的变化：那就是移动运输领域有越来越多的产品和服务数字化了。汽车连上了网络，人们可以通过软件启动或者控制它。每年，额外的新型数字出行产品都会在初创企业中诞生，刚开始的时候，所有人行道都会被脚踏车或者租赁自行车塞得满满当当，直到需求的数量减少到合理的规模为止。无论是这些初期的困难，还是持续增长的新注册汽车数量，都没有改变移动出行的大趋势：由于该行业所有领域都在持续不断地数字化，现在重点正从硬件转移到软件，因为只有这样才能使所有产品有意义地彼此连接。但这也导致另一个问题：在未来想要拥有硬件，即汽车或者别的交通工具，将会变得越来越昂贵和不切实际。与之相反，我们会更看重租用交通工具的需求。

这种创新时代的一个典型后果是，哪些功能和哪些投资是未来真正有保障的，这一点并不明朗，这很可惜。我今天花大价钱购买的硬件明天仍然还是最先进的吗？如果我决定使用一个可能会在短时间内被停止使用的充电系统，我该如何——在字面意义上——不失去联系？这些都是我们作为车主涉及的问题。将移动出行进行连接的大趋势所带来的其他问题波及了整个社会，因为它改变了许多不同领域的要求，比如交通基础设施、城市规划、税收立法、保险事务甚至数据保护等。为了使交通系统、导航系统和车辆系统彼此系统地互相配合，必须处理大量的移动数据和其他个人数据。这当然也会导致安全问题，因为以前高性能的硬件制造商不会同时是最优秀的软件制造商，许多不同的系统之间并没有很好地互相协调。因此，新的竞争者正为了我们消费者进入赛场，特斯拉、谷歌、苹果或者优步，它们都是已经深入渗透到移动领域的科技公司。

多亏了人工智能来处理源自导航软件、红绿灯、摄像头、公共汽车、火车、机场、天气、重大事件以及季节性事件的大数据，未来可以更好地控制和预测车流量。同时，也会产生新的交通法和保险法问题，比如谁是一场事故中的责任方：驾驶员还是汽车？因此，本章节将着眼于我们最喜欢，多数情况下也是最贵的休闲活动及其数字化的最重要方面：从汽车到软件更新的激动人心之路。

如果我超速，汽车会告发我吗？

普赞特·奥兹贝格（Puzant Ozbag）和他的妻子正在去往商场的路上。在美丽的加利福尼亚州，这是一个阳光明媚的日子。

妻子自豪地驾驶着这辆上路才 5 天的汽车，一辆雪白的、型号为 Model X 的特斯拉。特斯拉以其车辆中装配的创新功能而闻名于世，比如半自动驾驶。这能让驾驶员通过自动驾驶仪自动调节与前方车辆的距离，监控驾驶方向的稳定性和速度，还可以设置独立驾驶。但这对夫妇对这些技术细节并不感兴趣，他们只是为拥有了一辆新车而感到高兴。到达商场的时候奥兹贝格女士小心翼翼地将车转向一个空闲的停车位。但突然间，汽车加大油门，轰隆隆地轧过路沿石冲过一片草地，最后撞上了后面的建筑物。房屋和汽车都严重受损，车里的两个人完全惊呆了。

这就是普赞特讲述的故事。全世界的社交媒体和新闻媒体都在为这起事故奔波。又一次，一辆自动驾驶汽车似乎差点害死人！这可是新闻界捕捉到的好猎物。而特斯拉给出了故事的另一个版本："数据显示，汽车正以每小时 6 英里的速度行驶，而这时油门突然被踩到 100% 的状态……这辆车根据驾驶员的动作实施了扭矩并按照指示加速。"这家公司如此清楚地知道整个事件的过程，是因为每一辆特斯拉汽车都会与其制造商的服务器保持永久通信。难怪特斯拉更像是一家科技公司，而不是汽车制造商。

而这家美国公司并不是个例：欧洲 ADAC 汽车协会的一项研究显示，配置有大量电子辅助程序的现代汽车收集了大量数据并且将其与制造商共享。车辆的 GPS 位置、里程、轮胎压力和液位都会被定期报告，包括在高速公路、乡村公路和城市中行驶的公里数、运行时间和安全带机动收缩次数都会被保存下来。在这些数据的帮助下汽车可以提供多种服务，而制造商可以进行重要的软件更新。

然而通过大部分数据，人们就可以间接地对驾驶行为得出结论。比如，通过安全带收缩判定出来的频繁而猛烈的制动操作可能得出毛躁或者甚至是鲁莽驾驶的结论。在数据收集和共享方面，特斯拉比其他公司走得更远。这些汽车几乎永远处于录音模式。为此它们使用内置于汽车中的摄像头和大量传感器。一辆特斯拉汽车与其制造商共享的数据甚至包括车身外部情况、道路和汽车周围环境的短视频记录。当然，这些数据首先用于兑现自动驾驶的承诺。只有当汽车的摄像头不仅把过路的行人识别为潜在的危险情况，而且还可以通过路人的脸来评估他是否已经看到了汽车时，软件才能做出相应的反应。

如此大量的数据和信息如果被滥用的话，对专家或者欧洲ADAC汽车协会来说就是一个很大的问题。该协会因此要求制造商保持绝对透明。除此以外，还需要列出车辆收集的所有数据的列表，保障车主能够自由访问这些数据。最高安全义务还包括车主可以关闭数据收集和数据处理的选项。另外，很多消费者似乎并没有意识到收集如此大量数据的问题，甚至还自愿给他们的保险公司分享。近年来出现了所谓的远程信息处理税，并承诺给那些谨慎驾驶，遵守规则的被保险人提供偿还津贴。为了确保这一点，保险公司通常会在车里配备装满传感器的小盒子，并连接到被保险人的智能手机上。这些小盒子记录下汽车的行驶方式、行驶中的时间和地点。保险公司服务器的算法就会对这些信息进行评估。

然而与被保险人相反，数据保护主义者对此类优惠政策持批判意见，因为这些数据会被长久地保留下来，而且不能排除有一些人由于工作原因而不得不总是在非常危险的路段或者理论上不安全的时间段行驶，这对他们来说是不公平的。另一种出于数据保护的原因而存在某些问题的情况是租车。大部分租车的用户仍然并不怎么关心他们的数据会被怎么处理，因为很多人不知道的是：通过把自己的手机连接到租车系统上，您的联系人、消息、通话信息，当然还有道路和目的地的信息都会被保存在那里。根据系统的安全程度不同，随后的租赁者或者租车公司可能会看到其中的部分信息。理想情况下，人们根本不应该将手机连接到汽车的系统，但是，无论如何都不要同意系统使用任何您不需要的数据，以及在旅程结束时一定要删除自己的个人资料。

当然，我因为抗拒汽车而安装在手机里的众多软件也精准地记录了我的出行行为：我什么时候、在哪些城市使用了短途交通；我在哪些线路首选乘坐火车；在什么时间我会使用某种脚踏车出行；在这之前我是从一个酒吧里出发的吗……许多类似的信息会被供应商收集、评估并出售给其他人（比如希望通过这些获得联网产品信息的汽车公司）。与数据收集的世界一样，这个领域也被绝对的不透明化所掌控，因为每家公司处理客户数据的方式都不同，这对我们客户来说几乎不可能在不费吹灰之力的情况下就弄清楚我们的数据是如何被保存以及使用的。

奇怪的保险、租车存储系统中的个人数据或者软件公司里详细的驾车人个人资料都会被收集。从我们消费者的角度来看，移动数据收集的成本效益分析因此看起来很复杂。从效益来看，一些创新使驾驶更加安全，比如自动距离系统。还有一些创新可以提高我们的舒适度和娱乐性，比如当人们拿着智能手机接近车辆时，可以自动打开车门；或者在租车时可以访问自己的音乐、电话联系人以及导航软件。保险可能带来的好处就在等式的这一边，一旦人们知道他们的驾驶方式受到持续监控，事故数量就会减少，便会产生良好的社会效益。而在成本方面，数据保护主义者越发担忧收集到的驾车人信息。不过除此之外，当这些数据涉及完全没有参与的第三方时，还有一个法律灰色地带：汽车收集的数据除了包括车辆数据以外，还有越来越多的行人的照片和视频，而他们永远都不可能允许使用这些信息。所有这些数据在理论上都可能被用于建立一个广泛的用户资料库。而这些资料随后可能会被保险公司、警察或者税务机关使用而损害顾客的利益。毕竟，哪个 25 岁的司机知道他今天被保存下来的超速驾驶的证据会影响到他 15 年后的保险金额呢？当然，如今自身驾驶行为的最大透明度已经意味着，在发生事故时能够准确地论证责任归属。

普赞特·奥兹贝格和他的妻子可以为此而哼一首小曲儿。我怀疑，除了他们之外还有别人应该为建筑物和他们汽车的损坏负责。

当自动驾驶汽车发生事故时，谁应该对此负责？

如果普赞特和他的妻子没有像之前他们声称的那样做，而是不做任何动作，让他们的汽车自行撞毁建筑物，那么责任问题就会大不相同。一辆自动驾驶汽车造成的事故应该归咎于驾驶员还是车辆呢？当汽车不再是仅在个别情况下辅助驾驶，而是完全独立地自主驾驶、控制和制动，这个问题就变得尤其重要。这种具有如此广泛能力的车辆在自动驾驶等级上被列为第五级。它们现在还仍然只存在于模型中，但是可以预见，短短几年之后它们就将出现在我们的街道上。下面的等级，也就是我们所遭遇的等级，主要是第三级和第四级。在这两个级别，驾驶位上的司机有时可以做一些别的事情，比如阅读或者看电影。但只要车辆有所要求，您必须时刻保证能够在危险情况下在几秒钟之内接管方向盘。但是在个别情况下这不太可能总是成功。当人们正深陷于一部激动人心的电影时，谁能做到如此迅速的反应呢？因此，如果在如此高度自主的驾驶模式下发生了事故，那么人们是否可以将事故归咎于汽车本身或者它的制造商？

安联汽车董事总经理克劳迪乌斯·莱布弗里茨博士（Dr. Claudius Leibfritz）在接受采访时表示："在许多市场中，对车辆的所有者或者说车主有所谓的无罪过严格责任。如果一辆自动驾驶汽车发生事故，那么这辆车的车主或者保管者将承担首要责任。"因此，车辆所有人要承担责任这一事实没有任何改变。车主普赞特必须赔偿损失，即使他的车是自己撞上大楼的，至少在德国是这样。

但是，从自动驾驶级别三开始，他的第三方责任保险可以稍微向汽车制造商偏移，就可以从赔款中再收回一点儿。只要他们能证明汽车和软件才是罪魁祸首，制造商就必须承担责任。因为，自动驾驶汽车必须安装事故数据存储器。这类似于飞机上的黑匣子，警察可以在车辆完全撞毁或者通讯功能失效的情况下读取这个存储器，并找出谁是事故的责任人。

虽然目前仍然是车主承担责任，但是未来可能是厂家承担更大的责任。但是如果是车辆的人工智能控制汽车呢？它也能够被追究责任吗？这在当下还很困难。因为按照目前的情况，人工智能并不是所谓的一个能够承担责任的法人。但是由于越来越多的人工智能系统在车辆中完全独立运作，欧洲议会理所应当地开始了关于法人问题的辩论。这是不可延缓的迫切需求，因为在接下来的几年里，我们的世界会有越来越多的系统，这些系统根据来自不同子系统和数十家公司硬件、软件的数据基础做出它们的自主决策。一个可以评估所有这些不同的数据源并据此制定决策的人工智能，是具有广泛、深远的力量的。

这个讨论目前还在起步阶段，也很复杂。但我认为不太可能会建立类似于机器自主代表大会这样认为机器至少需要承担部分责任的机构。这样的话制造商可能还是需要赔款，因为我还不知道哪个人工智能有它自己的银行账户，可以转账缴付罚款。

未来谁还需要驾照？

我可以清晰地记起我的驾校时光。在晚课上讨论交通状况，或者在高速公路上练习高速驾驶，让那时的我觉得自己已经是一个大人了。那时我 17 岁，做很多事的时候都觉得自己像个国王。所以我并没有为考试而认真学习，而且在上驾驶课时我觉得我的教练是一个颇具娱乐性的伙伴。我偷偷取笑她，因为她把整个后备箱装满了甜食。每当她的某个学生练习泊车时，她就会走到车子后面去拿一条或者一板巧克力。考试那天我也和我的同学们一起偷笑着谈论这位女士，等待我们的考评。

我没能笑多久，因为我考试失败了。显然，交通状况并没有看上去那么简单到不学习就掌握它们。人们在某个交通状况下如何正确地应对，这往往取决于很多复杂的因素，而我低估了这一点。

这么多年来，我注意到日常生活中道路上的复杂程度并没有减小，因为我们的个人经验在这里时常会与法律规定和为了避免危险而下意识做出的决定相冲突。所以驾校让我们尝试在理论上尽可能多地处理这样的情况，这是一件好事。为了证明我们已经掌握了某种类型的车辆和交通情况，我们人类驾驶员在培训结束时会获得驾驶执照。

在自动驾驶的背景下，密歇根大学交通研究所的米夏埃尔·西瓦克（Michael Sivak）教授和布兰登·舍特勒（Brandon Schoettle）教授提出这样一个问题：自动驾驶汽车的人工智能是否像人类一样需要驾照？他们的研究得出了明确的结论："鉴于对安全的潜在影响，我们需要对无人驾驶技术进行标准化、全面化的测试。我们应该引入一个和人类驾驶员等级类似的分级驾照制度，这个驾照制度将某一级别自动驾驶车辆限制在它绝对能够处理的情况中。"但是自动驾驶车辆驾驶执照重要的不是证明其学习过交通规则，更重要的是明确地判定，这辆汽车和它的软件能够完美掌控哪一些驾驶情况。

根据对自动驾驶车辆事故的评估，我们可以看到这些事故反复发生在未知的情况下：一辆汽车的摄像头没有及时识别浅色背景下的白色货运车。另一辆汽车将水面判定成道路，还有一辆汽车错误地分析了带有标签的停车指示牌，在十字路口加速行驶而不是踩下刹车。由于一辆自动驾驶汽车没有将一名非法横穿高速公路的女性识别为危险情况，悲剧发生了。高速公路上通常不会有行人出现，这辆车遵守了它在行驶中学到的理论规则。机器人驾照可以帮助避免这种情况，它能够提供供机器读取的信息：哪一些知识已经被汽车掌握了。在极端情况下，汽车可以选择替代路线，甚至在遇到它没有被训练过的情况时选择停车。除此之外，道路上的其他汽车可以交换它们各自存储在自动驾驶执照中的知识，然后建立一个关于道路使用者、道路状况或者当前危险的公共数据库。

当驾驶完全自主的第五等级的车辆而不再需要人类驾照时，这一点就显得更为重要。因为这时车辆的电脑系统仅仅将每个坐在车里的人视为从地点 A 运送到地点 B 的乘客。作为这种车辆的驾驶员，人们将不再需要驾照。虽然现在已经有了一些此类第五等级的测试车辆，但是它们目前仅仅在受限制的条件下运行，要出现在我们的高速公路上肯定是在好多年之后了。不管怎么样，希望它们能持有驾照。

智能汽车是如何看到我们的街道的?

一位年轻女士独自站在一块混凝土浇筑的巨大平面中心。她手里紧紧握着一根细长的杆子，上面贴着一个指示牌。一辆发动机正在运转的汽车在离她很远的地方等待着。司机只能透过挡风玻璃勉强看到远处的那位女士和她手里的牌子。他按下一个按钮，打开了巡航定速系统。这个系统理应独立识别出一段路线上允许的行驶速度并且精确地保持在这个速度。这辆汽车是使用最为广泛的特斯拉车型之一，成千上万的此种车型正在路上行驶。除此之外，这辆车还应该能够独立识别速度限制，然后相应地加速直到达到这个速度。当您在一段速度区间频繁变化的高速路上行驶时，这是非常实用的。

这个大广场上的司机在远处可以隐约看到牌子上白底黑字的标志："限速 35 英里"。在美国的许多街道上都能看到这种美式标志，换算过来是限速每小时 56 千米。司机最后一次检查巡航定速系统是不是真的打开了，然后向着那位女士开去，给一脚油门然后把脚从踏板上移开，这样汽车就可以接管了。内置摄像头立刻检测到远处的标志并加速汽车：每小时 15 英里，20英里，35 英里。车辆畅通无阻地径直向拿着牌子的女士驶去。但接下来发生了什么? 汽车越来越快：40 英里，55 英里，70

英里。直到每小时 85 英里时汽车才调整到一个稳定的速度，然后从女士和指示牌旁边呼啸而过。司机在经过时看到这位女士微笑着，于是迅速踩下刹车。

这位女性科学家很高兴，因为实验成功了。她和她的团队正在一起着手破解自动驾驶车辆的摄像系统。今天，他们通过处理一个完全正常的路牌，终于成功了：数字 35 中的数字 3 的中间水平线被他们用黑色的胶带向左延长了几厘米。对人眼来说这个数字看起来还是正常的，但是自动驾驶车辆中的摄像头系统现在读数为 85，而不是 35。开着巡航定速的汽车于是也立刻加速到这个速度。这个差别是巨大的，因为这不是 56 千米 / 小时，而是 137 千米 / 小时的速度。当这样粘了贴纸的标牌出现在城市里，自动驾驶车辆还相应地进行加速时，这是不可想象的。

摄像头识别缺陷的原因是图像识别的算法。它接受了许多带图片标识的训练，包括那些倾斜的、肮脏的或者被部分覆盖的标志。只有标志上的数字始终符合美国标准。数字 3 中间的那一横基本上都很短；如果那一横变长了，那么图像识别把它认成数字 8 的可能性就会大大升高。我们通常要好几年后才能发现算法在以这种方式错误地识别标志，因为算法的黑匣子并不会揭示它们为什么要做某事，而只是仅仅表明它们在做某事——就比如上面的例子，加速到超过每小时 130 千米。

　　另一项调查发现，停车标志——比如在十字路口——可以通过粘贴小贴纸被篡改，导致汽车摄像头将其识别为限速35英里。而对于参与实验的人类来说，仍然能够在红色背景上清晰地读取白色的"STOP"单词。我们人类仅仅将那些用于篡改的贴纸视为广告或者脏东西。您现在可以感慨了：这些算法太愚蠢了！事实上，这个例子清楚地展示了黑匣子问题——之后我们将在本书中再一次详细地阐述：图像识别算法与我们识别图像元素的方法并不相同，但是我们还不知其缘由。当我们察觉到这样的问题，我们当然可以重新训练程序并避免错误地识别车速。但是我们不能完全排除，总会再出现新的篡改可能性——比如通过所使用颜色的细微改变。谁知道摄像系统总的算法会把红色背景上的黄色字体识别成什么？

　　这种无形的操控可能很快就会成为一个普遍存在的问题。因为街道上依靠图像和标志并使用摄像头来指引方位的汽车越多，恶作剧者或者罪犯就越可能将这些标志篡改到我们人类都无法识别的程度。其后果就是出现事故，或者至少造成极其危险的情况。唯一的补救方法是更新全新的、训练有素的算法。然而，这位年轻科学家的实验对目前正在使用的摄像系统再一次提出了挑战。由于图像识别软件和摄像系统一起被内置于芯片中，只有在完全更换一个新系统时，才有可能进行软件的更新，才能使汽车更智能，确保未来可以正确读取标志。在这种情况下，车主可能会因为购买昂贵的硬件设备而感到恼火，而这些硬件会在几年后变得容易受外部干扰。而更重要的是，还有很多其他的手段可以入侵这些智能汽车。

如何阻止黑客进入我的汽车？

像所有联网的事物一样，现代汽车当然也必须被加以保护以免黑客入侵。攻击者可以利用三个主要的漏洞来侵入汽车：传感器、软件系统和硬件。当标牌被恶意更改，操纵传感器就可能触发错误的功能，就像我们刚刚看到的那样。另一种方式是直接攻击汽车的软件。几年前，有两名网络安全研究员成功地从远处入侵了一辆吉普切诺基并且远程控制它。他们顺利做到了转动方向盘、解除制动甚至关闭发动机。他们使用汽车运行系统中的漏洞作为切入点，接管了关键动能。

如今出售的汽车有多达 50 台相互连接的内置计算机。它们管控着汽车所有的系统，从音乐到空调，再到转向装置和制动系统。最容易受到外界入侵的是娱乐系统，因为它们必须持续不断地连接到网络和不同的服务器，这样才能下载音乐和电影，更新地图或者为车上的乘客提供 WLAN 功能。但是警报系统，尤其是那些由第三方制造商进行安装的系统，也很容易受到安全漏洞的影响，通过这些漏洞，黑客可以在完全不被注意的情况下关闭警报、解锁车门，甚至有时候会在汽车行驶过程中关闭发动机。

我们的汽车之间以及与其周围环境中的传感器联网越紧密，这种安全漏洞就会越频繁地出现。如今，汽车其实是一台装在车轮上的计算机，所以和我们放在桌上的个人电脑一样容易遭受外部攻击。

但是和我们的笔记本电脑一样，汽车也可以免于数字入侵。制造商最清楚，当前正面临着什么危险。因此我们应该始终及时更新汽车的固件。遵循软件补丁程序的相应报告或者产品召回与在个人电脑上安装一个好的病毒防护程序一样重要。后座的孩子们可以使用 WLAN 或者蓝牙将手机连接到汽车上，这是很棒的事，但是任何形式的连接都是一个潜在的薄弱环节。因此应该把当前未使用的网络功能统统关闭。

除了传感器和软件之外，第三个薄弱点就是硬件。恶意软件主要是通过汽车的诊断接口进行导入。这就是为什么只有真正值得信赖的工厂才能被给予权限，即使那个转角的修理店更便宜，或者他们承诺可以通过未经授权的软件给您激活新功能，也不能因此看轻安全性。

最后，不能忽视的一点是，电子钥匙也有可能被黑客入侵。在进行攻击时，犯罪分子可以使用 RFID 接收器从钥匙圈中捕获特定的信号，将其复制然后使用它来解锁车辆。为了避免这样的信息读取，人们只需要把钥匙圈裹在一个铝箔中。但是这看起来太蠢了，即使是我也不会这么做。不过，购买相适配的保护套是可以的，它们看上去比铝箔要好一点儿，虽然仍然有些不太方便。最终还是应该每个人自己来衡量，什么对他来说更重要一些：安全性还是舒适性。

然而，为了智能汽车的安全，我们至少需要对存在的问题及其可能的补救措施有一个全面的了解，就像我们对智能家居的需求一样。您最好检查一下您的爱车，找出它的薄弱点。未来，有望给每一辆汽车安装配套的防恶意软件程序，它可以提供所有系统当前安全性的相关信息并警告车主遭到攻击。因为到 2025 年，全球范围内每一辆新车应该都能联网了。今天，所有在欧洲新注册的车辆都已经连接到了 eCell 紧急呼叫系统从而连接上网络。对于制造商而言，软件更新是确保现在和未来新车安全的唯一途径。毕竟现在有谁知道我们的汽车会在未来五年面对哪些攻击呢？

谁开车开得更好：人还是机器？

停车时冲进建筑的汽车，无法区分浅色载重车和明亮天空的汽车，或者在高速路上碾过行人的汽车——当我密切关注那些自动驾驶车辆发生事故的恐怖故事时，发现自动驾驶车辆似

乎并不比人类驾驶得更好。但是这只是一个假象。自动驾驶和
半自动驾驶车辆当然在很多方面都比我们做得更好。尤其是在
对环境的掌控上，这是由响应时间和大量传感器数据的评估决
定的。密歇根大学的一项调研研究了响应时间和数据分析到底
能多么精确地影响各种情况下的安全性：一个视力良好的司机
在白天仍然可以清楚看到至少 1 千米外道路上的动物。然而到
了晚上，就只能看到 75 米，还是从一个相当狭小的被照亮的角
度。与之相反，自动驾驶汽车内置的雷达系统即使在黑暗中也
可以轻松看到 250 米，而摄像头至少能看到 150 米。光达（光
学雷达）是一种类似于雷达的，用于检测光学距离和速度测量
的设施，现在已经装配到新的车型中，可以通过多个传感器达
到 360° 全覆盖，当一只鹿还没有从路旁的灌木丛中冲到道路上
时，光达已经可以发现它了。

　　一旦人眼或者机械传感器识别出障碍物，大脑或者算法就
必须做出决定，是否有制动的必要。众所周知，人类需要更长
的反应时间，大约是 1.6 秒，而软件可以在 0.5 秒左右就激活制
动。这一秒钟的推迟使一辆时速 100 千米的车制动距离加起来
约为 130 米。自动驾驶汽车至少提前了 30 米进行制动。这 30
米对鹿来说是攸关性命的。自动驾驶系统还可以比我们更好地
估计距离，这在前方车辆突然刹车的时候就至关重要。自动驾
驶汽车在遵守速度限制和交通规则方面也比我们做得更好，因

为它们绝对不会在驾驶中感觉到愉悦，也不会因为眼前道路畅通产生快感而想要加速。

但是，对于其他大多数对驾驶提出的要求，还是人类更胜一筹。在逆光或者恶劣天气等特殊情况下，人类的能力得以体现，我们能够同时捕捉许多不同的信息并优先处理眼睛看到的内容。比如对于摄像头来说，它们不能够区分逆光中物体投射出的长阴影和物体本身。在纷纷扬扬的雨夹雪中，无数片雪花在车灯的照耀中闪烁移动，即使是人类驾驶都有麻烦，但通常能够较好地处理这个情况。而自动驾驶汽车的镜头和摄像头则会因雨雪变脏，传感器会结冰，水滴会对光达和雷达造成干扰——系统会因此而失明。即使道路很脏，或者由于现场施工而导致原来的标记不知道去哪儿了，这些情况给人类带来的困扰也远远少于它给自动驾驶汽车的算法带来的困扰。最差的情况下我们也只会停在工地前，而不是跟其他汽车一起围着工地绕圈子。

当然，人类最大的优势还是我们的经验。通过经验我们能够很容易地区分出一个飘舞的黑色塑料袋和一只邻居家挣脱绳索正在穿过街道的腊肠犬。而从挥舞着的牵狗绳，我们可以猜测，屋后的邻居会紧随其后冲出来把狗抓回去。只有凭借经验，我们才能够在柏林胜利纪念柱环岛路口高峰时期的喧哗中随着车流与其他人一起移动，或者在必要时为防止与一台距离太近的邻车相撞而越过机动车道标志线。也许雨夹雪以及在混乱的城市中心灵活运用交通规则等（限制性）场景也是目前为止自动驾驶汽车在阳光明媚的加利福尼亚州表现最佳并且在那里发展的原因。在此情况下，德国的汽车行业仍然还有希望，因为他们了解我们的司机，更重要的是非常熟知我们的天气。

为什么谷歌地图如此出色？

西蒙·韦克特（Simon Weckert）推着手推车慢悠悠地沿着街道行走。轮胎摇摇晃晃，发出刺耳的嘎吱声。有时候他会突然停下来站着，然后突然开始奔跑，然后突然又停下来。他拖在身后的带轮子的箱子在鹅卵石地面上发出有规律的隆隆声。箱子里躺着99部开启电源的手机。路上的行人都对着这个奇怪的家伙摇头。他们不知道，这位来自柏林的艺术家正在干扰谷歌地图。好吧，可能不是全部的谷歌地图，但至少有一小段路。西蒙希望在这里制造一个虚假的交通堵塞。为此他借了这些手机，在所有手机的谷歌地图导航软件中都设置了同一个目的地，点击开始，然后他开始步行。对于公司的算法来说，他的旅程看上去就像99辆汽车在同一段路上以非常慢的速度行驶。西蒙成功了。当他开始走路时，谷歌地图上相对应的路段变成了深红色：这是交通堵塞的标志。这位艺术家希望用他的行动来展示我们对技术的适应程度："我们相信这些地图向我们展示了真实的情况，并且针对这一事实调整了我们的行为。然而这个事实却并不存在。"他在一次采访中解释道。

西蒙用他的行为同时也展现了谷歌地图为何如此精确和实时：它是来自谷歌安卓操作系统用户的实时数据。如果我的手机与其他人在同一个地点突然刹车，那么这会成为所有后来汽车的重要信息来源，他们的手机将立即显示交通拥堵。

该公司在几年前就开始在世界各地的大部分道路上行驶未来主义的汽车。他们在车顶上安装摄像系统，并拍下我们的交通路线的每一个角落、高速公路入口标志、十字路口、车道、自行车道——一切都被精确地记录下来，并形成了这个世界上最全面的道路数字地图的基础。但是仅靠这些地图还不能使谷歌地图获得成功，因为这些数据仅仅显示了记录时的状态，很快就会过时。我们都知道，在突如其来的交通拥堵中开车或者突然停在由于示威而被封锁的街道上有多么烦人。多亏了谷歌的安卓操作系统，这些问题变得非常少见了。

如果匿名位置数据的传输被激活的话，除了 GPS 之外，为了显示实时交通状况，谷歌还会利用我们的智能手机。凭借超过 80% 的市场份额，全球数十亿部智能手机源源不断地向该公司提供有关其位置、移动和速度的信息。谷歌在地图上的非凡成就——一如既往——一方面是由于制造出了方便的产品，通过这些产品收集大量的数据。另一方面则是因为编写出了极其强大的算法并且运行了能够评估这些数据的服务器群。

在下一次导航系统的语音提示您，您应该在下一个出口"在 500 米内到达法兰克福会展中心"驶出时，请您注意一下。为了这一句提示，谷歌汽车图像记录的模式识别要辨认出这个标牌，还要正确解读上面的信息（500 米是距离，"法兰克福会展中心"是目的地），最后谷歌将整件事转换成语音命令发送给在几乎全世界范围内任一路段、任一时间的数十亿辆汽车。

但这还不是全部，因为谷歌地图还会为我们提供建筑物内部的路线，餐厅营业时间，正在营业的药店或者热门景点等相关信息。这些信息也是从智能手机使用者那儿收集来的，并由谷歌计算机处理以便其他用户都能够从中受益。谷歌可以通过它的其他服务（比如谷歌搜索和谷歌邮箱）拥有源源不断的可用数据，这当然是一个优势。

我们为这种高效率以及高度个人舒适度付出了代价，我们的活动数据完全透明并对其产生持续的依赖性。因为谷歌地图已经发展成了数字化出行的秘密支柱。如果没有实时更新、精确的数字地图，就不会有自动驾驶汽车，无人机送货，也没有在油箱完全见底之前刚好把我们带到下一个正在营业的加油站的汽车辅助系统。未来的互联交通与这些地图密不可分——而目前最好的地图就来自谷歌。虽然目前也有少数竞争对手，比如英特尔、奥迪、宝马戴姆勒以及中国腾讯旗下的 Here 地图。

但这些公司既没有巨型数据采集器以用于收集数十亿安卓手机的数据，也没有高性能的谷歌算法。来自彭博金融分析的技术专家马克·伯根认为其中蕴含着巨大的市场力量："谁拥有能被汽车读取、最详细、最全面版本的地图，谁就将拥有价值数十亿美元的财富。"

另一个问题是，导航服务的提供者也会对我们这些迷失方向的人产生决定性的影响。而这对我们自己的生活有着非常具体的影响。当我们想喝上一杯拿铁咖啡时，地图不会客观地显示附近所有能选择的咖啡馆，而是优先推荐那些为其付费过的咖啡馆。谷歌在它的招商网站上这样描述此机制："安娜拥有多家咖啡馆，她希望她的广告能够覆盖所有在她某个店面附近想喝咖啡的顾客。她以她的店铺地址为中心确定了 3 千米的半径，以便在其附近的用户搜索'咖啡馆'时能够向他们展示广告。"

显然，在现实中并没有这样一个为其支付费用的可爱的安娜，只有类似于星巴克这样的大型连锁店，将我们直接引导到它的门口。

车辆有学习过吗：它是否最好绕开老奶奶和小孩行驶？

作为一个充满激情的自行车手和行人，大型汽车有时候离我太近了。当一辆 SUV 在一条狭窄的街道上紧跟着我而它的发动机发出强烈而不耐烦的轰隆声时，当我试图骑自行车毫发无伤地穿过电车轨道时，我的血压会迅速飙升。我怀疑，一旦发生碰撞，汽车越大，自行车骑手在碰撞中死亡的可能性越大。在这种情况下我当然宁愿坐在封闭的车辆中。我也能够理解，很多人购买 SUV 是因为他们及家人觉得在里面更安全，在发生交通事故的时候也能被更好地保护。而较为弱势的道路使用者通常在道路交通中感觉受到威胁，相对于大型车辆来说处于劣势地位。

这种情况可能会很快得到改变。因为未来的自动驾驶汽车可能会这样进行编程：当要发生不可避免的碰撞时，它们能够计算出哪一个道路使用者最弱势，然后在最后一秒避开他们——即使这种操作会让它们迎面撞向一辆 SUV。这种编程是基于这样一种想法，即技术有义务考虑到人类驾驶员也可能会考虑的道德方面，并始终选择对人类伤害最小的路径。弗吉尼亚交通研究委员会的科学家挪亚·J·古多尔（Noah J. Goodall）也相信这种编程的必要性。他说："随着驾驶变得越来越自动化，车辆也会遇到安全性、灵活性和合法性等不同目标互相冲突的情况。在这种情况下，车辆必须权衡各种不同的可能性和目的，而车辆的这种行为就包括了道德因素在其中。"

当汽车的智能软件取代人类驾驶车辆时，我们必须要教会它很多规则，否则它们只会完全专注于首要目标：将一个人或者一件货物从 A 地点送到 B 地点。一辆只专注这个目标的自动驾驶车辆只需要简单、直接地尽力加速就行了。为此，它要闯过每一个红灯，碾过每一只在路上蹦蹦跳跳的兔子和每一个正在打球的孩子，而且它的行驶速度飞快，以至于坐在它内部的乘客会把早餐吐出来污染整个未来风格的车厢。一个用于驾驶的软件必须了解其他目标和规则，比如交通规则，或者人类能够承受的最大速度等相关知识，与此同时它们还必须学习如何在相互冲突的规则中抉择优先级，这是目前为止最难编程的部分之一。自动驾驶汽车造成的第一起死亡事故在全世界引起了轰动，也很好地说明了这些问题。在这起发生在优步汽车和一个意外从侧面跑进车道的女士之间的致命事故中，软件犹豫了一秒才做出反应。这一秒是故意被编入程序的一项规则。"这种情况下最主要的应对措施实际上是驾驶员自己，当即将发生碰撞并且不存在系统错误或者系统误判时，驾驶员被寄希望于进行干预并重新掌控车辆。"事故的官方调查报告这样解释道。本应该可以拯救这位女士生命的一秒，却被编写进程序，成为驾驶员在接到警告后有机会做出反应的必要时间。相比其他规则，比如汽车如果检测到前方出现障碍物则必须立即没有任何犹豫地制动，前述规则被系统赋予了更高的优先级。

对于车辆制造商来说，要对所有可能发生的情况进行编程并对道德问题做出令人满意的回答，绝非易事。近年来，媒体报道了很多这类困境的例子。当汽车被迫在撞上右边的一个小孩和撞上左边的一群老人之间做出选择时，它应该如何决定？人们是否应该把"多数人的性命要高于单个个体的性命"编入程序？还是人们应该把年龄作为评判标准，所以年轻人要比老年人更值得优先保护？这样的设想当然是一些危险的胡说八道，联邦交通和数字基础设施部长伦理委员会也直言："在遭遇不可避免的事故时，任何基于个人特征（年龄、性别、身体或者精神素质）的鉴定都是不被允许的。把受害者分出三六九等是严格禁止的。"软件不能决定对不同人群的偏好，但它能够决定保护人类及其财产。制造商有义务将自动驾驶车辆的程序设置为：在发生冲突时如果能够避免人身伤害就可以接受财产被牺牲。这让我们的焦点重新回到了大型汽车身上。因为未来自动驾驶车辆的图像识别，能够判断出哪一个即将碰撞的目标更缺少保护：是SUV还是自行车骑手；是戴着头盔的摩托车手还是行人。

然后，系统必须以最小的人身伤害代价为标准做出决策。讽刺的是，由于SUV拥有更好的保护措施，为了保护更弱小的人，比如骑着自行车的我，算法会让发生事故的车辆直接朝着某辆SUV撞上去。幸运的是，这样的决策通常只存在于理论中，因为有一个几乎总是适用于自动驾驶车辆的规则，任何足够聪明的人同样也会这么做：在直线上立刻刹车的风险总是最小的，而不是转向另一个道路使用者向左或者向右避开。这样一来，老奶奶和小孩都能够活下来。

04

CHAPTER

教育与文化：无数的机遇与最大的个人责任

数字化会损害文化吗？

嘿，成为少数群体的一员感觉如何？我几乎可以肯定地说，您现在正在看书。那么在德国，您就属于每周至少翻一次书的那 40% 中的一个。这也意味着，还有 60% 的人不这么做，实际人数可能还会更多，毕竟谁会在问卷调查里说实话呢？每一年，当艾伦斯巴赫市场和广告媒体分析再一次确认，这个国家的绝大多数人都对我们做的工作持无所谓态度时，我们文化工作者都会胃痉挛一次。因为研究人员发现，只有 30% 的 14 岁到 29 岁的年轻人仍然对文化感兴趣；在老年人中这一比例至少是 40%。趋势在逐年下降。相比去博物馆、剧院或者看书，其他人更享受逛 Instagram、油管、声田（Spotify）或者玩电脑游戏带来的乐趣。

但是等等！谁能准确地解释文化是什么？为什么艾伦斯巴赫的人觉得我在油管上自己唱的一首歌不如我年轻时每周一次去参加舒里希先生的大提琴课有价值？为什么一个充斥着精心布置的照片的 Instagram 账号不如安迪·沃霍尔的一系列打印的金宝汤罐头有文化？

在这个终身学习的时代，谁能告诉我们，教育是什么？我用来学习中文的免费软件比我以前的英文课本更缺少教育性吗？为什么油管上那些极具影响力的数学和化学视频制作者不被视为教育提供者？即使它们看上去就是娱乐性的，但是与大多数学校相比，这些视频可能已经向更多人传授了公式、规则以及如何在现实生活中去运用它们。相比那些布满灰尘的译本，为什么《刺客信条奥德赛》不能引入学校？即使那里的玩家能够在完美模拟古希腊的环境中四处游荡并且肯定能以更有趣的方式了解更多传奇人物的生活。

那么现在，我们已经处于这个无休止的讨论之中了：现如今，文化是什么，教育是什么？这个讨论当然一直都存在。围在篝火旁讲故事的人曾经诋毁第一批作家，说他们破坏了口头讲述的高度艺术性；在 19 世纪，画家们开始对抗当时极具破坏性的摄影技术，因为它的快速拍摄没有办法与苦心学习的绘画技巧相提并论；而 100 年前的歌剧爱好者则认为，爵士乐充其量只是狂野的噪音，而不是严肃的音乐。在几十年后的今天，没有人会再怀疑书籍、照片或者爵士乐是文化资产。由此我们可以断定，在 50 年后也不会再有人对油管视频、电脑游戏和 Instagram 提出这个问题。"这当然是他们文化的一部分！"我们的后代会摇头说，然后通过大脑接口重新回到他们 3D 音乐厅中的课程里。

我们现在正处于一个通过数字化来诠释我们的文化概念的长期阶段。媒体，就其字面意义而言作为发出方与接收方之间的中介，承担了其中一部分责任。在以前，祖母常常在晚上给全家人讲述神灵和神话故事，而现在，由于印刷机的发明，她的后代可以在书本这个新媒体上自己阅读这些故事了。如今的数字化媒体也是如此：它们取代了一部分直接交流。10 年前，两个人之间还只能通过电话远远地交流"俱乐部之夜怎么样"，今天，所有朋友都能在同一时间实时在社交媒体故事中体验它。数字化极大地加速了这一发展，如今，我们已经无法想象一种没有数字化媒体伴其左右的文化体验了。

但是，尽管有了数字化这一引擎，这种长期文化变革的发展仍然非常艰难，并且到处都显示出裂痕，旧世界的残余与数字化创新一起从这裂痕中闪耀出可见的光辉。在我们的脑海中（以及艾伦斯巴赫的调查里），文化仍然是高雅文化的同义词，即歌剧、博物馆、文学。而在我们的日常生活中，长期以来文化还包括剧集、播客、游戏机。事实上，文化已经通过数字媒体紧密地与我们的社会共生在一起，以至于我不愿再分开谈论它们。

因此，在本章节中，我们将着眼于对这个崭新的、极快的数字社会的文化，对教育和学习提出一些问题。这包括中小学以及大学的作用，以及一个重要问题，哪些技术适合于幼儿。我们也会谈论到，现在的人们可以和应该学习什么？比如编程，它绝对是应该学习的内容之一。最后还有一个重要的讨论，面对一个生产出越来越聪明的机械的世界，是什么让我们人类仍然保有人性。我们的优势体现在哪里？正如我们稍后将看到的，这是人们为了创造文化所需要的所有东西之中，最重要的一个因素。

未来人们会在哪些方面仍然胜过机器？

当人们在讨论我们必须学习哪些知识才能在一个完全数字化的世界里取得成功时，大脑的"计算能力"就成了焦点。因为在许多相关学科中，例如数学、计算机科学或者统计学，机器明显要强出我们人类一大截。人们应该问自己，我们是不是不应该完全不加抵抗，就将这些学科让位给机械。另一方面，为了使机器更进一步发展，这些学科当然是必不可少的。幸运的是，作为所有创新的基础，还有一个领域是完全为人类保留的。因为在一些领域里，我们当然是不败的王者。其中一个领域就是创造力。艺术性和创造性的行为将人类带到了今天的位置。没有我们的创造性的想象力，就不会产生车轮，也不会开发出蒸汽机。创造力帮助我们解决生活中的一切难题，只有通过创造力，我们才能作为个人进一步发展。没有语言，没有创造故事、绘画或者思考、写下和讨论复杂问题的能力，我们就无法建立一个稳定的共同体，也无法通过他人的经验来支撑自己。正是因为我们的创造力，我们才称自己为"万物之主"。

在我的《机器的创造力》一书中，我深入研究了是什么让人类的创造力保持独立。因为现在当然有很多由机器创作出来的创意内容。几年前的一个交易展上，我将伦勃朗的一幅画拿起来欣赏。画上画着一个长着胡子、戴着帽子的男性，他看着我的表情有一些困惑。他的嘴微微张开，这幅图十分生动，以至于我会暗自想，这个男人是不是会用古老的荷兰方言对我说一些话。他的衣服看起来像是一位来自富足家庭的男士会穿的衣服。这幅画就像许多其他著名画家的作品一样，让我们为之着魔，但这正是当时我所担心的问题。因为这并不是伦勃朗的作品，在这幅画上的年轻男士也并不存在。作为"下一个伦勃朗"项目中的一部分，所有这些都是由一个人工智能所创作出来的。这幅具有伦勃朗画作的所有特征的作品，是一幅全新的作品，并且创作于伦勃朗去世后的三百四十多年。但是这幅画涉及创造力吗？

这个问题让大多数人感到担忧，因为他们怀疑创造力总是与权力并存：通过语言、音乐或者绘画接触我们的人都会获得情感影响力。因此在我的讲座中，最常见的一个问题就是："当人工智能能够绘画时，拥有创造力的人类还能在哪些方面占有优势？"

要回答这个问题，我们必须区分什么是创造能力、创造过程和影响。与创造力相提并论的能力通常还包括问题意识、想法多样性、思维灵活性、即兴创作、将解决方案运用至现实生活的能力或者想法的独特性。其中一些因素如想法多样性和思维灵活性，某些程序也能具备。人工智能在经过一段时间的学习后，能够创作出数百张伦勃朗风格的画作，人们当然可以称赞其想法多样。而另一些因素，比如原创性，我在大多数机器创作中都没有找到。不过，显而易见的，它们怎么可能做到有原创性呢？它们缺乏个性、经验和从他人中脱颖而出的意愿。创作过程也不尽相同。机器在模板中找出规则（比如：典型的伦勃朗视觉模式是什么？）然后无休止地复制它们。

而我们人类不同，在我们来到"尤里卡时刻"之前，我们会经历不同的阶段：首先是准备阶段，在此阶段我们收集所有对我们解决问题有所帮助的知识；之后是成熟阶段，在此阶段我们看起来似乎什么都不做，但是我们的大脑仍在下意识地进一步研究；然后是一个通常自发性的、包含第一个创造性解决方案的洞察阶段，和一个评估阶段，在此阶段我们检验知识是否真的具有实用性；最后是一个细化过程，在这个阶段我们会继续打磨我们的成果。

人工智能目前还无法掌握如此复杂的创作过程，无法质疑事物或者融汇来自过去和不同生活领域的印象。因此，机器不可能真正具有创造性。当它们通过模仿和修改产生令人信服的成果时，它们的成果可能乍看是具有创意的。伦勃朗风格的新画作或者伪造的约翰·塞巴斯蒂安·巴赫的赞美诗第一眼看上去似乎令人信服，就好像软件已经具有创造力了一样。但是它们只是对先前复制的人类作品的修改。我们不应该忽视这种功能，因为从中当然可以发展出很多业务。例如，当我们在听背景音乐时，我们通常不会在意乐曲到底是人类创作的还是机器创作的。但是，算法的创造性与真正的创造力，是完全无关的两码事。

这使我们人类仍然独一无二。它也不仅是艺术活动所必需的。相反，为了每天都能为大量问题找到令人惊叹的解决方法，我们更需要人类的创造力。是的，我们需要它来寻求技术甚至是数学方面的突破性革新。创造力也是我们渴望改变、颠覆和开辟新道路的源泉，就像加州大型科技公司的创始人所做的那样。因为没有人能够单纯通过模仿已经存在的东西改变世界。

而目前为止，我还不知道有任何人工智能可以发展出这样的性格特征。

为什么许多互联网亿万富翁都辍学了？

在精英大学哈佛学习两年之后，比尔决定不再继续了。同年，他创立了微软，在 30 岁时他已经成为百万富翁。史蒂夫也对和同学们一起刻苦学习没有丝毫兴趣。他离开里德学院，创立苹果，并随后借此成为亿万富翁。虽然世界上有一半的人都会为了去斯坦福大学学习而付出全部，但是仅仅两天后，埃隆就举起了白旗。与此相反，他和其他人一起创立了新的支付系统 PayPal、太空探索技术公司 SpaceX，以及后来的汽车公司特斯拉，这也让他变成了亿万富翁。马克也决定从哈佛大学退学，转而专心致志地为大学生编写一个评级门户网站，不久之后，这家公司成为价值数十亿美元的脸书。

这四位先生大概是全世界所有大学和高中辍学生的英雄。"妈妈，我不需要高中毕业证书就能取得成功。所有的互联网亿万富翁都没有完成他们的学业！"这种讨论在家庭中应该挺常见。但可惜的是，从大学辍学并不是成为亿万富翁的前提条件。因为驱使他们四位走出这一步的当然不是懒惰，而是那无法抑制的冲动，想要承担更大的责任，追随他们自己的愿景，跳上全球数字化的快车，而在那个时候，大部分人还想着要等所有人都到车站再说。

这4个人都选择了正确的时间点，并发现了新技术能够推动现有企业发展的可能性。为了这一次大跨步，他们制订了明确优先事项，因为他们猜想大学期间不会学到能够让他们不同寻常和独立自主的东西。他们全都离开了大学，因为创办自己的公司似乎更有利可图。而大学没有给他们提供相关的正确知识。这也并不奇怪，因为很多年之后，在市场中被充分检验、分析并经过了国家认证的有关数字商业模式的知识才被打包进了课本的单元内容中。

在普罗大众可以使用这些知识的时候，想要再从中获得竞争优势当然就要困难得多了。当全世界有数百万人都在大学和商学院学习脸书商业模式的特殊之处，那么他们中的任何一个人都不会再通过这种模式创造出影响整个世界的惊人的成功。当然还有最重要的一点，决定离开这些精英大学，转而创立那些从初期就计划统一世界的公司，这需要极大的自信和强大的自我。

这四位先生仍是少数。《福布斯》杂志发现，在最富有的400个美国人名单中，有84%的人拥有大学毕业文凭，甚至可能拥有学术学位，相比之下，只有33%的美国成年人拥有大学文凭。最富有的美国人有更大的可能毕业于一所精英大学：福布斯统计的最富有 400 人中有 23% 的人毕业于常春藤盟校。因此，尽管这种事有时会发生，但是仍然只有很小一部分大学和高中辍学者能够进入高贵的亿万富翁俱乐部。

当然，并不是每个大学生或者高中生都能效仿这些不同寻常的例子。这完全没有必要。对于我们绝大多数人来说，一个正规的职业教育或者大学教育是开始职业生涯的最明智的方式。位于曼海姆的莱布尼茨欧洲经济研究中心（ZEW）的一项研究发现，大学毕业生的工资水平远远超过那些辍学的人。辍学者在晚年的收入并不比那些完全没有学习过的人多多少。一个学位能够带来平均高出 35% 的薪资水平和作为医生、教师或者其他需要学术考试的职业工作的机会。更多的大学教育通常意味着更多的薪水。那这也同样适用于高中吗？由于新冠肺炎疫情封锁而错过的课程也会对以后的工资产生影响吗？现在就让我们来看看这个问题。

谁在数字教育方面落后了？

"拉丁语！"我的朋友比吉特（Birgit）痛苦地喘着粗气，"我必须要再学一次拉丁语才能让我的孩子度过这个时期！而我明明在高中的时候就已经成功地作弊通过了！"比吉特和我就读于同一所高中，对这个古老的语言有着爱恨交织的情感。在过去的一年里，她不得不请很多假作为助教来帮助她读五年级的孩子。学校停课了，那位年迈的老师在停课之初还在学校办公室留了几份复印好的练习题，然后就销声匿迹了。

所谓的新冠一代，即在新冠肺炎疫情流行期间受到课程取消影响的学童，将不得不为此付出终生的代价。据伊福经济研究所（Ifo-Institut）的专家称，每减少一个学年，这些学生的终生收入就会减少10%左右。您已经可以看到2020年取消课程的后续成本了。对于整个社会而言，预计在以后的职业生涯中会损失总共5.4万亿欧元的收入。这里面没有包括2021年的封锁，也没有包括学校关闭期间在家中担任孩子代课教师的父母所产生的事业损失。

如此大规模地取消课程原本是可以避免的。丹麦或者中国等国家的中学所配备的数字化学习平台、内容和设备要好得多。在我们的北方邻居那儿，虽然他们也进行了封锁，但是孩子们仍然可以继续学习。比如在丹麦，91%的孩子通常每天在自己的笔记本电脑上使用数字媒体，几乎所有中学都拥有自己的学习平台。在中国，中学的数字化进程要更先进一些。近些年来，中国在基于人工智能的课程上投入了大量的资金。科技公司、初创企业和成熟的教育机构开发了教辅系统、数字学习平台和课后辅导软件，如今已有数百万学生在使用。

即使在教室里，人工智能系统也支持教学——但这有时会在我们的家长中引发一场风暴。比如说，汉王教育（Hanwang Education）的班级监护系统可以拍摄孩子们上课的情况，通过面部识别确定他们的名字，然后极尽详细地记录他们每天有多少分钟在专心学习、睡觉、做梦或者写作业。他们的互动情况，比如自愿回答老师的问题，也可以被记录下来。在每个月的月末，家长和老师会收到一份详细的评价，上面显示了孩子与其他人的比较情况。

而在德国，人们只体验到了那么一点点数字化附加物，充其量是私人使用的家庭作业网站、备考软件或者油管上的讲解视频——比如来自拥有数十万订阅者的"施密特老师"的视频。然而，德国有三分之一的教室仍然还是无 WLAN 区域，在那里智能手机和平板电脑被视为潜在的干扰设备。这种技术落后产生了恶果。在国际范围内的中学生计算机和信息技术相关能力的比较中，德国在许多学科都低于平均水平。

对 2018 年（经合组织）国际学生评估项目的数据特别分析表明，德国只有微不足道的 33% 的中学生有访问在线学习平台的途径，而经合组织的平均值超过 54%。除此之外，在中学生占有电脑数量方面，德国也处于经合组织平均水准之下，并且还是教师数字化继续教育得分最低的国家之一，只有 40% 的机构提供这类课程。而在新加坡，90% 的中学都对教师进行了此类继续教育培训。

在其他调研中，德国也同样表现不佳。比如说，国际教育成就评估协会（IEA）在其比较研究"计算机信息素养（ICILS）"中每五年衡量一次八年级学生的所谓计算思维，这包括对数字系统的理解、阐释问题和分析问题的能力、收集数据和规划解决方案的能力。2018年计算机信息素养的国际平均分为500分，韩国达到了536分，丹麦、芬兰、法国等国家紧随其后。德国平均得分仅为486分，在其后的还有葡萄牙和卢森堡。该研究还揭示了一个最重要的原因：中学缺乏对数字化发展的责任心。研究表明，在德国，只有64%的中学里有一名来自教学人员的官方IT代理人，而与欧盟其他国家相比，有75%的学校已经有这样的负责人。如果教职人员都没有承担数字化责任的必要，学生要如何为数字化未来做好准备呢？

在这种情况发生改变之前，在这个国家的学校为下一次疫情流行或者别的什么原因取消课程而做出更好的准备之前，我们至少需要给课程和学校下一个全新的定义。我们必须从预先咀嚼知识的由老师主导的课堂转向学习和共同加工知识的生态系统。在我们的中学成为"智能学校"之前，我们需要首先加大对基础设施、学习内容和教师进修的投资。基础设施包括平板电脑或者笔记本电脑等移动设备、学校的快速互联网接入、带有学习内容和管理程序的云软件，以及交互式白板及其他技术辅助工具。一所智能学校的教学纲领包括创新的学习方法、自主学习和小组学习的可能性，但最重要的是数字化教学内容。

在不久的将来，学校是学生一起互相协作，通过媒体内容和互动程序这种混合模式获得知识的地方，而这其中大部分知识都可以在线获取。毕竟在过去的几十年里，全世界范围内知识的数字化和学习内容的易获取性转变成了学习内容的巨大可用性，哪怕在最偏远的地区也是如此。即使在一个德国小城或者某个印度尼西亚的小岛上，也有几乎无穷且极其方便的可能性开始一段国际水平的学习，或者只是简单地获取一道数学题的解析。数字学习内容和数字学习环境属于全球大趋势，将持续改变许多社会。这一趋势带来的影响之一，是许多州和教育部门越来越多地退出教育领域。他们只提供基础，剩下大部分都是学习者自己的责任。为了满足他们的知识需求，一个巨大的教育市场正在茁壮发展。这就引出了一个问题——未来还需要学校吗？通过协作完成和由媒体支持的学习不能就在家里的屏幕前进行吗？而这由竞争中拥有最佳程序的公司提供。

答案是否定的。新冠肺炎疫情的经验沉痛地表明，除了获取知识以外，学校还具有重要的社会功能。在这里，我们不仅学习怎么更好地学习，还要学习如何一起协作。因为正如我们在前几页看到的那样，在未来我们会生活在这样一个社会，即当今学校所教授的大部分技术都可以由机械更好地接管：算术、存储知识并正确使用、分析和编写文本。我们与机械的区别，最主要就在于我们的创新和社交能力。因此，必须将这些能力纳入所有教育工作的重点。管理咨询公司汤姆森集团董事总经理贝恩德·汤姆森教授表示："到 2070 年，今天受教育的孩子们开始退休的时候，创造力和社交能力将成为我们对抗那些拥有无限知识存储空间的机器人的最核心技能。"

我们可以看到它们在数据和事实方面领先于我们多少，我们还可以看到它们甚至能成功预测我们的考试题目。如果比吉特的儿子知道了这一点，可能他对拉丁词汇的兴趣就更小了。

算法可以预测试题吗？

前段时间我访问了位于首尔的一家出版教科书和参考书的公司。通常，这样的出版社都作为无名的开放式办公室隐藏在城市边缘的高层建筑里，桌上散落了成堆的纸张和书本，靠墙的位置立着摆满了印刷制品的书架。在我启程的那天，访问名单上出现了一个新的出版单位。当我到达那里时，我站在一座巨大的玻璃宫殿前，大为震惊。这是一个现代化建筑，入口大厅的正中停放着一辆现代牌的赛车。玻璃电梯在楼层之间上下移动，将我带到八楼的会议室。前厅里放着滑板，这样员工可以更快速地穿过宽广的楼层，播放的流行音乐帮助他们度过下午的低谷时期。这家出版社看起来似乎与众不同。

在与总经理的交谈中，我发现了原因。这家出版社专门从事与备考相关的工作。在韩国，考试和普及教育对每个孩子来说都是必不可少的。韩国母亲们因其"虎妈"的称号而闻名，因为她们的孩子每天会花费 14 个小时或者更多时间在学习上，不论代价如何。因此，在短短几十年里，韩国已经从一个极其贫困的国家发展成为世界上生产力最高的 10 个国家之一。韩国家庭痴迷于教育，痴迷到连韩国政府都在设法遏制这些家庭的狂热：广受欢迎的私立学校被禁止在晚上 10 点以后组织学习活动，政府还建议父母至少给孩子一天放松的时间。

我访问的这家出版社就帮助"虎妈"为她们的孩子提供最好的开启职业道路的机会。总经理向我解释了他们的商业模式：用户付费提前得知他们的考试题目。除此以外的付费内容还有在系统中模拟考试并且得到他们个人弱项的详细评估。这个出版社的第三种也是最传统的商业模式则是提供教辅类书籍，通过这些书可以有针对性地消除更基础的个人弱项。凭借这种商业模式，该公司在短短 8 年内拥有了 1 200 多名员工，其中一半以上都是程序员和软件设计师。

但是出版社是怎么知道这整个商业模式的基础——试题的呢？他又怎么能猜出，哪些学生需要哪些知识？

为此，该公司使用了一种名为 Stella 的人工智能。它使用了所谓的深度学习算法，即程序由于其高度复杂的结构，能够分析大量数据并发现其中特定的规律。比如，这些数据就包括在以前的标准化国家考试中出现的 6 万个试题。Stella 分析这些试题，然后计算出每道题目在当年考试中出现的概率。然后这些高概率出现的题目就出于练习目的被呈现给这个出版社的顾客。当您回答完这些问题之后，系统当然会判断答案是否正确，并将学习进度与之前的 30 万名学生的数据进行比较。

Stella 确切地知道先前的学生在后来学习结果如何，他们擅长或者不擅长哪些内容，因此，这个人工智能还可以为现在的使用者计算出补充哪些学习内容能够使他们更容易获得成功。这个人工智能既没有水晶球，也没有偷偷入侵国家考试的计算机。相反，它只是给出了一个特定学生使用哪些学习内容能够取得最大成功的统计概率。当然这其中肯定会有误差。但是总体来说，这个统计分析的效果非常好，它使学生拥有了优势：能够专注于他们尚未掌握且最有可能在考试中出现的这一部分学习资料。

任何一个已经在大学期间为复杂的考试或者为了高中毕业考试而学习过的人都知道，为了这些考试，人们要在脑子里塞入多到无法想象而以后又不会再用到的知识。因此，"你只需要学习真正能够用到的那一点点知识"这样的承诺，简直美好得像童话故事。该出版社的董事总经理尹成赫（Sung Hyuk Yoon）

已经看到了教育在世界上的主导地位："通过持续的研究发展，我们将让 Stella 在教育行业的人工智能领域一直保持领先地位。我们作为企业的使命是在世界各地提供平等的受教育机会，并利用人工智能帮助建立一个人人都能通过教育更有效实现其梦想的世界。"

但是您也不要兴奋得太早：目前为止，该出版社的大部分产品都只有韩语和英语版本。此外，我会忍不住觉得，以上这一切对我来说都有点像欺诈。

我们每个人都必须学习编程吗？

贝特海姆·德西埃（Betelhem Dessie）已经在共享出租车上坐了半天了，一边打电话一边穿过亚的斯亚贝巴。这位年轻的埃塞俄比亚人经常旅行。国际电视台的采访与她公司的会议、国际项目比如"机器人索菲亚"或者她作为辅导员工作相关的 Skype 会议交替进行。这位企业家在 12 岁时就为政府工作，并且在孩提时代就学会了使用电脑。她很肯定："每个人都可以编程！"《任何人都可以编程》因此成为她的项目之一，也是她成功人生的座右铭。

贝特海姆和我被邀请参加一个电视台的谈话节目，交流是否每个人都应该学习编程。对于这个埃塞俄比亚人来说，这很显然也是一个关于公平性的问题："我认为这存在着性别差距——尤其是在技术领域。为了消除差距，我们必须尽可能早地接触女孩，甚至在她们接受父母的传统观念之前。"贝特海姆对什么时候应该这样做也有非常明确的想法："八岁，在青春期开始之前，在他们接受父母的性别刻板印象并开始认为'这不适合我，这是男人的事情'之前。"

整个埃塞俄比亚境内超过两万名学生已经从这位成功的技术企业家在该国学校开设的编程课程中受益，尤其从竞赛中可以看到她多年来的工作成果。在那里，儿童和青年互相竞争，为面向实际的应用而编写软件，例如电动轮椅或者建筑机械。对于贝特海姆来说，编程是一种摆脱传统性别角色的途径，也是她的家乡亚的斯亚贝巴发展经济的重要支柱。

对于史蒂夫·乔布斯来说，编码是一种清晰的思考方式。"这个国家的每个人都应该学习如何计算机编程，因为它教会你思考"是这位苹果创始人的一句名言，也被美国项目 Code.org 写在了旗帜上，这个项目旨在教授尽可能多的小孩从小就开始编写代码。

在数字世界中，编程技能是否与阅读和书写同样重要，这对我们来说也是一个至关紧要的问题。如果人们连一点点基础知识都没有，那么将来还有机会进入就业市场吗？许多人都会问自己这个问题，尤其是当他们看到提供给计算机科学的高薪职位和紧缺职位时，掌握一般性编程知识的原因已经显而易见了。

第一，整个经济世界都是数字化的。如今涉及的大部分工作都与计算机有关。就像我们在自动化技术或者出行系统中看到的一样，软件正在取代硬件。在这样的经济体系中，如果人们接受过技术方面的培训，那么他们就有优势。掌握编程语言不是必需的，但是能提供优于竞争对手的知识优势。

第二，乔布斯是对的：那些学习编程的人，更重要的是练习了有逻辑地解决问题的技能。因此编程语言本身并不是决定性的因素。有很多人掌握了编程语言，但他们仍然不是优秀的程序员。也有一些程序员，他们的编程语言知识相当有限，但这并不影响他们是优秀的。我年迈的拉丁语老师总是说："如果谁读懂了西塞罗（Cicero），谁就学会了思考。"我一直很努力地学习拉丁语，然后发现这句话很愚蠢。今天，我可以洋洋得意地对他喊道："谁能读懂 HTML，谁就学会了逻辑思维。"编程意味着，一个人可以把一个问题分解成较为简单的下级问题和下下级问题，直到把一个难以胜任的大任务分解成可解决的各个小部分。

第三，现在已经到了不能仅仅靠男性数学家、计算机科学家和化学家为我们寻求技术性解决方案的时候了。编写程序的人越多样化，我们这个世界的问题解决方案就越多姿多彩。就像我们在本书的其他部分更详细地看到的那样，算法目前仍然歧视深肤色的人，或者更偏爱男性而不是女性，这一点也不奇怪。算法更喜欢数学上最有效的解决方案，而往往忽略社会最能接受的方案，这也不奇怪。到目前为止，最主要是数学家和计算机科学家的经验为发展做出了贡献，而不是人文学者、哲学家、社会学家或者艺术家的知识。

第四，想要接触编程非常容易，真的，每个人都至少可以尝试一下。在油管上有大量简单的解说视频，完整的编程课程则可以在优达学城（Udacity）和其他平台上找到。

如果有人尝到甜头之后不想只拘泥于一种编程语言，而是想直接从事相关的职业，那么就还是要涉足一个艰苦奋战的专业领域。优秀的程序员和软件设计师拥有长年积累的经验并致力于成功的项目。因此，对代码的必要研究并不等同于一个高薪职位的保障。此外，并不是所有能勉强写出规范代码的人都能通过初创公司成为亿万富翁。尤其是在未来，编程工作也将越来越频繁地由机器来完成。

也许这就是标题中问题的答案适合我们大多数人的原因：着手代码和编程工作会训练一种非常特殊的思维方式。如果你对此有兴趣，那么一定要去尝试一下，特别是当你来自一个非技术行业的领域。就像学习一个乐器或者一种运动一样，世界上所有的父母都应该鼓励他们的孩子学习编程知识。然后孩子们从一开始就能明白，应该是他们把机器人送进幼儿园，而不是机器人把他们送进幼儿园。

机器人可以照顾孩子吗？

教育是一份相当安稳的工作。"目前这个行业没有任何一个典型的活动能够通过引入数字化技术而实现自动化。所以这个行业的自动化程度很低（0%）。"未来派工作（Job-Futuromat）如此说，这是一个研究职业数字化程度以了解技术是否能够取代人类工作的网站。尽管如此，世界各地仍有一些尝试，让机器人承担一些儿童教育和照顾中的典型任务。人们希望借此得到一些更个性化的育儿纲领，因为人类照顾者通常是一种稀有资源，他们必须同时照顾很多孩子。

大多数孩子在与机器进行接触方面没有太多的障碍，他们通常不会将机器人和其他的玩具区别对待，还会像对待洋娃娃或者毛绒动物一样自然地与它们互动。但是人们可以由此推断，他们也能更容易从机器人那里学到什么吗？

来自英国、土耳其、荷兰和德国的一个跨学科研究小组仔细研究了机器人作为对外英语教师的效果如何。孩子们坐在平板电脑前，机器人给他们指示他们应该在平板上做什么。比如它请孩子们用英语给一张图片上的某个正在攀爬滑梯的女孩做记号。如果孩子们正确地完成这项任务会获得表扬，如果他们标记了错误的女孩，机器人会不断地询问，直到孩子们给出正确的答案。

这是机器人优于人类的地方：它们具有无限的耐心。机器人还会记住每个孩子和他们的学习进度，然后可以激励他们坚持自己的任务并且改进。它不断重复困难的词汇，直到正确为止。

因此完全可以想象，这些机器人可以用于在没有足够工作人员的时候专门照顾个别孩子。因为机器人目前只能执行单个的、先前明确定义过的任务，所以它们只能在这些有限的使用中发挥作用。

我们可以肯定的是，让机器人作为额外的教育者或者教师来工作还得花上不少年头。在使用中人们还发现，机器人在经过简化的、非常个性化的儿童用语方面还存在问题。比如我的侄子总是和他的"卫僧员"（卫生员）和"自升机"（直升机）一起玩。哪个机器人能听懂这个呢？机器学习的大部分语言模型都是针对成年人及其标准化语言开发的。机器人也难以应付孩子们活泼的天性和他们爱跑爱跳的显著特征。尽管它们的相机能够看到正在发生什么，但却无法正确解读和评估儿童的活动。但是，当孩子们要结合动物的典型动作来学习动物的英文名称时，这一点却非常重要。在学单词"鸡"时，一个孩子边转圈边点头，另一个孩子狂野地扇动他想象中的翅膀。人类教育者可以很容易地理解这些不同的表演，但是机器人却不行。

比勒菲尔德大学的人工智能专家斯特凡·科普（Stefan Kopp）在接受采访时仔细评价了机器人在幼儿园中有什么意义："我们看到，如果技术被谨慎地引进，并且始终在被监控或者有人在场的情况下使用，那么在与孩子们一起上课时，这些技术可能会成为非常有帮助的新元素。"

或者简单地说：机器人绝对不能照顾孩子，但是它们能成为很好的益智玩具。在您为您的孩子购买教育机器人并希望它为您减轻一些压力之前，您应该知晓这一点。

我如何在数字化职业生活中保持精力？

在数字化工作世界，您想站在哪一边？是那些因为数字化变革和自动化而失业的人那边，还是在数字化的赢家这一边？这当然只是一个修辞化的问题。没有人会自愿把自己置于失败的一方。当然，在现实生活中的转换要更复杂一些。因为工作领域的数字化不仅意味着涌现了许多新的专业领域，还意味着改变的速度也在极大地加快。改变带来的压力又反过来体现在几乎所有的职业领域——在私人生活中也经常如此——因为知识需要持续不断地扩展和更新。

对世界各地雇主的许多研究和调查都得出了一个结论：在过去 25 年中出生的这一代人会从事的大部分职业还都不存

在。虽然还没有确切的职业名称，但是在调查中可以清楚地预见有哪些领域的增长会超过所有经济部门：IT、人事、客户联系。这三个业务部门都承受了巨大的变化速度。因此，合适的高等教育和正确的职业教育仅仅只是进入职业生涯的一种途径。在这个瞬息万变的时代，更重要的是活到老学到老并且获得新的资格证书。"雇佣接受过完美教育的员工变得越来越不切实际。反之，我们会更多地强调终身学习。公司和员工要对在继续教育领域中的变化做出同样灵活的反应。"万宝盛华集团（ManpowerGroup）领导层发言人在对其公司的调查中这样评论道。这清楚地表明，这些变化也涉及了员工的义务。

自 20 世纪 60 年代联合国教科文组织会议以来，"终身学习"这一概念已经被用于所有形式的伴随终生的学习，但近年来由于所有参加工作的人们对数字化的需求日益增加，这个概念变得更具有迫切性。数字化也使得多种新的学习方式成为可能。在新冠肺炎疫情的影响下，提供高水平知识的新的专业学习平台不断增加。与大学水平相当的在线课程提供了无数学科领域按照教学法所准备好的学习内容，同时还会发放证书。Corusera、施普林格自然出版社旗下的 Iversity、公益性质的赛勒学院和可汗学院、FutureLearn、Udemy、Udacity、edX 或者著名的麻省理工学院开放性课程网页等慕课提供商提供的主要是英语课程，这些课甚至往往是免费的。当然，为了成功地从这些课程中结业，您需要绝对的自律。如果坚持下去，您可以获得经过认证的知识，甚至可以修完包含学士和硕士学位的大学课程。

观看 TED 档案、油管教育（YouTube Edu）、谷歌访谈和许多大学（比如苏黎世联邦理工学院、汉堡大学、基尔大学、弗莱堡大学或慕尼黑大学）视频门户网站上的各个讲座无须花费太多精力。在这里人们不能获得任何结业证明，但是能获得从鳗鱼育种到随机数生成等内容的精彩讲座。甚至享有盛誉的斯坦福大学、加利福尼亚大学或耶鲁大学也提供几乎所有科目的免费讲座。

因此，您再也没有理由不去参加一门量子计算课程了吧。也许以后您还可以向我解释一下，为什么在下一章里的量子比特表现得如此不稳定。

我什么时候可以买一台量子计算机？

九章是中国第一台量子计算机的名字，它在 2020 年年底用不到 3 分钟的时间完成了一个几乎无法解决的数学问题。而谷歌最近也宣布了量子计算方面的突破。圣巴巴拉大学的物理学家，同时也是为谷歌工作的研究员约翰·马蒂尼（John Martinis）在一篇科学论文中如此写道："悬铃木（Sycamore）

量子计算机在 200 秒内完成了一个即使是超级计算机也需要大约一万年时间才能完成的复杂计算任务。"如果谷歌出版了这样的内容，那么可能只需要几年时间，我们每个人就都能拥有一台量子笔记本电脑了吧，是吗？

量子是物理量的最小可能值，比如光子。这样的量子不能再被分割，它遵循着荒谬的定律，以至于物理学家到现在也没有完全搞明白。比如，量子计算机中的量子就是带电原子。当我们把事物与我们所熟悉的事物进行比较时，我们能更好地理解它，所以我们称其为量子位（Qubits），就像我们笔记本电脑里的位一样。每一个位只有两种状态能够用于执行必要的计算：0 或者 1，开或者关，正是因为如此，我们目前的计算机速度受到了限制。如果有几个位可以一起表示更多的数字或者允许更复杂的计算，那么显然计算机就能变得更有效率。连续的两个位就可以表示四个数字：0/0=0，0/1=1，1/0=2 和 1/1=4。

但是，量子位可以是 0 到 1 之间的任何数值，并且同时可以具备无限的数值。对我来说把它和硬币进行对比比较好懂一些。在二进制的逻辑中，硬币要么人像朝上，要么数字朝上，它只能具有两种状态的其中之一。但是在量子逻辑中，硬币会在其边缘快速旋转，以至于它看起来像一个球体，并且同时在正面和反面之间具有无数个状态。所以量子位能够处理比普通位更多的信息，这就是人们用它可以比用普通计算机更加无限快速地计算的原因。至少，理论上是这样的。毕竟在现实中量子计算机目前还不太适合日常使用。

当有干扰时，量子位会非常难以捉摸。一点冲击、一个电场或者过高的温度就足够使量子位变得很不稳定，而这发生在几分之一秒内。因此，我的笔记本电脑包还不适合放一台量子计算机。例如目前 IBM 存放计算机的机箱尺寸为 2.5×2.5 米，并且显然比我的笔记本电脑需要更多的电量。谷歌的悬铃木处理器也大致有一个大垃圾桶的大小，还必须冷却到绝对零度以上的百分之一度时才能运行。它也可以相当快速地解决数学问题，但是到目前为止只有这么一项数学任务，没别的了。

因此，拥有足够数量，即大约一百个量子位并且足够稳定，可以为实用任务编程的量子计算机还需要好几年时间。但是我觉得你我都永远不会购买量子计算机，因为英国《卫报》算过，其价格在百亿美元左右。

硅谷创始人怎么养育他们的孩子？

"埃丝特，要怎么阻止小孩一整天都对着智能手机不松手？"我问埃丝特·沃西基（Esther Wojcicki）老师。"很简单，你可以跟他们商量商量！"这位来自帕洛阿尔托的女士回答道。她是三个孩子的母亲，也是畅销书《熊猫妈妈：如何培养幸福自信的孩子》(*How to Raise Successful People*)的作者。"但是这样他们不就会为了每一刻钟都讨价还价吗？"我追问道。"你只需要对孩子们有信心。他们会让你大吃一惊的。"埃丝特笑着说，"我给你讲一个与此有关的故事吧。当时我们全家正在一起度假，我的女儿对她的孩子长时间抱着手机玩感到非常恼火。然后我就建议我的孙子们应该自己制定使用手机的规则。你想象一下，他们一起研究出了一个解决方案，决定在上午9点到晚上9点都不准使用智能手机。这比大人想的要严格得多！"

这个故事很好地说明了埃丝特·沃西基认为在技术驱动的世界中有哪些原则至关重要，她培养出3个成功的女儿——苏珊是谷歌的经理兼油管的首席执行官；珍妮特是人类学家和流行病学家，加州大学旧金山分校的教授；安妮是基因技术公司23andMe的创始人兼首席执行官。她把这些原则总结为TRICK："trust, respect, independence, collaboration, kindness"——即信任、尊重、独立、合作、友善。每次我见到埃丝特，都会觉得她对技术的冷静态度出类拔萃。毕竟她住在硅谷，在家庭庆祝活动中会遇到像谢尔盖·布林（Sergey Brin）这样的人，她的女儿安妮已经和他结婚了。人们可以期待这样的场景扩散开来，然后像埃丝特这样的人成为每个生活场景中的技术的强有力支持者。然而与之相反，她认为两岁以下的儿童是不能看电子屏幕的，并建议在家庭中明确规定5岁以上才能使用电子屏幕：孩子可以决定一个小时放映什么，父母再决定一个小时。世界卫生组织的指南也证明她是对的，该指南建议 5 岁以下的儿童每天观看屏幕的时间不超过一个小时。

埃丝特甚至不是硅谷家庭中最严格的代表。硅谷社区基金会的一项调查显示，尽管对科技的益处有很高的信心，但是很多家长还是对科技给他们孩子的心理和社会发展带来的影响表示严重担忧。尽管这些家长本人都在世界上最大的高科技公司工作，但他们不希望自己的小孩在屏幕前耗费太多时间。比尔·盖茨（Bill Gates）禁止他的孩子在 14 岁之前使用自己的手机。苹果创始人史蒂夫·乔布斯（Steve Jobs）在 2011 年接受采访时表示，他建议他的顾客不要在家里使用 iPad，并且一般来说，他都会严格限制技术的使用。即使到今天，数字精英父母们也没有改变他们的观点。色拉布（Snapchat）的首席执行官埃文·斯皮格尔（Evan Spiegel）和谷歌的老板桑达尔·皮查伊（Sundar Pichai）严格限制他们的孩子每周看屏幕的时间，只有 1.5 个小时。硅谷的父母们也很关心，他们的孩子会利用这项技术做些什么。

大多数人都认为社交媒体的使用令人上瘾，因此完全拒绝它，甚至对电影和电视剧也是持这般消极的态度。然而与此相反，沃西基老师认为创造性地使用技术（比如自己创建和制作内容）是一个很好的措施，可以让孩子们了解数字设备的优点，让他们在乐趣中学到数字技术的潜力和危险性。在帕洛阿尔托高中的媒体艺术课程中，孩子们会学习新闻行业是如何开展工作的，如何自己创建媒体内容，也学习虚假新闻是如何产生的，以及错误信息是怎么被传播开来的。硅谷教育方法——区分有益的屏幕使用和无益的屏幕使用，可以简单被称为"工具，而不是玩具"策略。

我们期待着孩子们能够从 5 岁开始学习，将数字技术理解为一种工具，可以用它来学习新东西并与他人一起完成别的项目。对他们来说，屏幕设备是作为工具而不是作为玩具呈现的。如果与其他媒体（比如书籍）或者方法结合起来，效果会更好。斯坦福的 Bing 幼儿园就采用了这样不同技术的结合。"在 Bing 幼儿园，我们将技术作为工具来使用。当没有关于某个主题的书籍时，我们就会用它作为研究工具和参考工具，并用它们来记录和观察。"校长詹妮弗·温特斯（Jennifer Winters）在美国最著名的培训中心之一如此解释媒体的使用。但是即使在这里，在所有媒体功能被投入使用之前，不需要屏幕的游戏仍然是最优选项："我们知道，小孩子通过非结构化的游戏学习效果最好……他们学会了耐心和尊重，并建立起适应能力、解决问题的能力、领导经验、创造力、认知灵活性、第六感、同理心、自信心、自我调节能力，以及最重要的，可以延续一生的对学习的热爱。"温特斯解释了这样一个事实，人们可以看到，那么多孩子在操场上跑来跑去，互相玩耍。

我觉得在硅谷的这些发现特别有趣，因为它们可以帮助我们制定明确的关于数字技术如何在教育中进行使用的方针。一方面，很明显我们学校里的技术设备还没有达到令人满意的水平。另一方面，在通过与加州进行对比之后能清楚地看到，技术并不是最重要的，更重要的首先是学习内容、任务以及老师和学生之间互相巧妙支持的合作。让孩子们学会理解技术的作用，以便他们以后可以有针对性地使用它来实现他们的目标，这一点显而易见非常重要。因此，妖魔化数字技术或者直接禁止它们进入儿童的日常生活都是无济于事的。事实上这和我们成年人的情况是一样的，我们只需要一拍脑袋就能找到最合适的平衡点：在计算机上工作，创造性地将智能手机用作摄像头或者学习工具，播客中的新知识能够让我们走得更远。算法为我们选择的一个接一个不间断播放的被动消费内容并不能让我们感到快乐，就像在无休止地滚动浏览某个遥远的熟人在社交媒体发的帖子一样。

计算机是怎么学习的？

我的外甥埃里克（Erik）5岁了，到目前为止，他已经学会了很多东西，这简直让人难以置信。虽然他还不会写字，但是他已经自学了自己名字的那四个字母——主要是用它们在他的艺术作品上落款。图画中的每个字母看起来虽然还不太熟练，但是在一天天进步。他是通过模仿学会的。我的姐姐不得不示范给他看，然后他模仿笔画顺序，直到ERIK这4个字母清晰可见。在没有我姐姐做示范的情况下，他还学会了一些别的东西。一些为了满足他的愿望而必须要做的事，比如在商场的收银台买一个新的玩具。为此，他系统地尝试了各种不同的方法并不断进行改进：尖叫、噘嘴、哭泣、抱怨、乞求、威胁、撒娇、谈判，最近他甚至用上了逆向心理学（简单说明：在蔑视对方的基础上通过要求自己不想要的东西而得到自己想要的东西）。他已经非常擅长这件事了，还可以区分哪些策略对妈妈、爸爸、奶奶、爷爷或者我影响最大。5岁的小埃里克因此比现有的任何人工智能都要聪明得多，因为他不仅会谈判和写自己的名字，还会唱歌、跑步、呼吸、玩耍、骑自行车、跳舞、说话。

过去，软件程序只能一个一个地处理预先给出的规则。它按照简单的模板来工作：当用户按下按键E时，屏幕上显示小写字母e。当用户按下shift和E键时，则显示大写字母E。程序的性能因此受到程序员的想象力和能力的限制。多年以来，机器学习一直是一门全新的学科。我们今天所说的大部分人工智能都是基于这样一个事实，即机器能够自己学习并且变得更聪明。

有几种在人类身上同样起作用的方法能够实现这一点。首先，可以通过预先给定样板参数来启动所谓的监控学习。例如，如果一个系统要识别手写体，人们会给它不同的手写字母的图片并告诉它，哪些是对应哪个字母。通过训练，系统的识别会变得越来越完善，直到它最后终于能够几乎没有错误地把我外甥的潦草笔迹也识别为 ERIK。

其次，还有无监控学习。就像我外甥通过自己不断地尝试而学会玩具谈判中的规则一样——抱怨和尖叫属于失败的方法组，魅力和谈判属于成功的方法组——计算机系统也可以。人们可以将数千张各种动物在不同位置、不同色调和不同光照条件下的照片输入到一个程序中，然后命令它识别出所有照片中相同的模型。然后算法会生成比如三个组别，分别是猫、狗和鸟，因为不同物种之间的数据差异会比同物种之间不同照片的差异更明显。于是，算法就学会了区分三种动物。在我们给这些组别命名之前，算法其实并不知道它们处理的是什么。算法为自己找出的规则对我们人类来说通常是无法理解的，比如算法在识别图像时是基于不同亮度的图像区域之间的特定距离或者不同颜色值的数据分布。因为我们并不能理解这些规则，所以我们也称之为黑箱——一个在这本书中经常被提及的事物。

此外，还有各种混合形式，如部分监控学习或者基于奖励和惩罚的强化学习。只有在机器学习被发明出来之后，算法才能接管那些复杂的任务，而它们做得比人类更快更准确。因此它们才能学习恶性皮肤变化之间的相同之处并以此发出初期的或者已经出现的皮肤癌警告。它们比许多医生更能够分辨皮肤癌和无害斑点。

这对我们所有人来说都至关重要，因为机器学习的成就越来越快地在我们越来越多的日常生活领域中出现。一旦人们开发出一个擅长学习图像样板的模型，这个模型就能够用来分析皮肤变化或者评估交通拥堵的图像。这种可以自行学习的算法也会很快出现在我们的计算机或者手机上用于日常应用。您的文字处理器中的自动更正软件将不仅能够识别错误，还可以帮助您使用相当个人的写作风格来进行表达。您的银行软件能够提前知晓您的收入和支出模式，并提醒您在哪个月应该或者不应该进行大笔支出。然而，这些所有的机器学习者都还被限制在一个有限的应用领域，因此仍然不会比我5岁的外甥聪明。但是，机器在学习了这么多东西之后，会不会某一天比我们还聪明呢？几乎所有专家都回答"是"。让我们来看看，离这一天到来还有多久。

机器什么时候会超越我们?

1989年，计算机科学家约翰·麦卡锡（John McCarthy）在接受采访时说："最大的问题之一，是我们还没有找到一种语言可以教会计算机了解我们世界的逻辑是什么样的。"也难怪约翰对缓慢的发展感到失望，毕竟他早在 1955 年就已经和其他研究人员一起发明了"人工智能"这个词。他们一起制定了一项研究议案，并在其中首次描述了一种其行为与人类行为相比堪称智能的机器。虽然在这个议案之后的好几十年，除了一些非凡的袖珍计算机和国际象棋计算机以外什么也没有出现。那时候人工智能的亮点是一个粗糙的聊天程序，它识别关键词然后以一种类人的方式进行回应。比如说，你对这个系统说了一句"我和我父亲之间闹矛盾了"，它会漫不经心地回答"多跟我说说你的家人吧！"但是这个程序实际上只捕捉一些关键词而并不理解人们用这个词想表达什么含义，所以这个系统很容易被误导。比如人们对它说："战争是万物之父"，它的回答还是："多跟我说说你的家人吧！"跟这些早期的人工智能应用比起来，我收回我在这本书开头所说的 Siri 缺乏智能的话。

但除了这几项应用之外，人工智能的研究学科实际上在将近半个世纪的时间里都是一门游离在外、缺乏资金和认可度的奇怪学科。直到麦卡锡去世的前几年，互联网才实现了突破，由此突然出现大量可用的资源，终于，在几十年后，约翰及其同事们的夙愿得以成为现实。这三个成功的要素是数据、计算能力和金钱。第一个要素是数据。遍布全球的服务如脸书、维基百科、Flickr 等图片数据库以及通过谷歌搜索产生的所有网站的索引都成为了构建机器学习学科的基础。人工智能取得胜利的第二个要素是计算能力。自 20 世纪 50 年代以来，计算能力的提升也是巨大的。根据一条在计算机领域被应用多年的铁律——摩尔定律，通过晶体管数量的增加大约每两年就能使计算性能翻一番。为了人工智能的突破性发展，比如动物的自动分类功能，人们需要性能非常强大的计算机，才能处理如此大量的数据。直到最近 30 年，拥有如此性能的计算机才有能力开始它们在世界各地的凯旋行军。第三个要素是金钱。人工智能需要投资才能为此类计算机、全球数据网络、巨大的数据存储工厂以及最重要的那些顶尖科学家们提供资金。这笔钱也将随着互联网的巨大成功而来。因为你看看，哪些企业在人工智能方面投资最大呢，首先就是我们的老熟人：谷歌、微软、苹果、亚马逊、脸书以及他们在中国的同行百度、腾讯和阿里巴巴。

在这三个先决条件被满足之后，整个人工智能领域在过去 10 年中以惊人的速度发展着。这个概念包含了各种目前还由人类所保留的技术，比如自主学习、模板识别、自然语言处理、机器学习或者机器人制造技术等。从这一点来说，Siri 和 Alexa 当然根本算不上是人工智能，而只是一种微不足道的可能性。

从第一次提到人工智能到其大规模、有意义地应用，中间间隔了 50 多年。但是今天的发展速度更快。如果麦卡锡和他的接班人今天能为他们的项目鞠躬尽瘁，他一定会很高兴。因为，人工智能的发展显然比麦卡锡和他的同事们当时所说的更进了一步。这就是为什么越来越多的人在会议以及聚餐时表达了机器可能很快就会超越我们的担忧。就在几年前，在与该领域研究人员的大部分谈话中，我还得到了劝解和安慰的话。他们几乎是异口同声地说，这最多只是一个理论上的发展形势。但事实上，过去几年的发展飞快，以至于现在可预见的未来中已经出现了非常具体的时间点。对于瑞士人工智能研究所所长于尔根·施米德胡贝（Jürgen Schmidhuber）来说，发展的目标已经不再仅仅是一台表现得人们会认为它是一个人类的机器了。相反，他更加致力于创造一种思考能力能够超越人类的通用人工智能（AGI）。目前最主要的障碍仍然是硬件。为此，施米德胡贝比较了如今计算机系统中可能的连接数量与人类大脑中可能的连接数量。比如，来自脸书或者谷歌的高效率系统如今已经创建了数亿个连接。但是人脑拥有其数百万倍的连接，因此根据施米德胡贝的预测，以目前的技术发展速度，第一个通用人工智能面世可能还需要 30 年的时间。来自世界领先的人工智能研究公司之一 OpenAI 的研究人员对此则更有信心：距离我们必须与比我们更聪明的机器打交道，还有 15 年的时间。这让我觉得很担心。因为在我夜以继日深入研究人工智能的过去 5 年里，这个时间进程就已经缩减了一半了。但我的担忧并不在于机器，而在于我们人类恐怕难以及时跨越国界和竞争企业的障碍并针对监管和调节达成统一的标准。对此我们将在后面的章节展开深入讨论。

存在互联网档案馆吗？

2002年2月4日，我的兰登书屋的个人主页上只公布了一本书：玛尔塔·格里梅斯（Martha Grimes）的《没有名字的女孩》。此外，人们还可以阅读一些简要的有关出版社的信息并查看一些日期。这就是全部了。同一时期在《时代周刊》的主页上有更多值得发掘的内容，比如关于胚胎干细胞研究的辩论正在如何发展。而在1997年1月10日的铁路网站上，您可以以69马克的价格购买去盖尔森基兴德国联邦园艺博览会的车票。

我是从哪儿知道这些的？因为我查看了这些网页。实际上，存在着一个互联网档案馆。在网页web.archive.org上存档了一些互联网上的重要部分。人们至少能找到网站的主页，但是有时候可以在这里按照年代顺序找到大部分知名网站中更广泛的内容。让人兴奋的不只是话题随着时间推移不断变化，更重要的是网页的设计和编程如何变得越来越华丽。这个"回归机器"是由位于旧金山的互联网档案馆（Internet Archive）组织运营的。该组织始于 1996 年，并将自己视为开放和免费互联网以及公共领域作品传播的积极参与者。这个档案馆的数据并行存储于几个计算机中心的两万个硬盘驱动器中。这个服务器的副本一个位于旧金山，还有一个在埃及的亚历山大图书馆。这个档案馆对全世界所有人开放，并且拥有官方图书馆的身份。这是完全名副其实的，因为除了互联网中的副本以外，这里还有数以千万计的书籍、视频、电影、音频文件以及计算机程序。正因为数字化信息如此短暂易逝，像这样的组织才有了巨大的意义：通过这些被存储下来的数据，人类的数字历史也可以几乎无缝衔接地向上追溯并进行科学评估。

今天我们很容易了解我们祖先的生活，因为他们在印刷的历史或者文本中留下了他们的生活方式。数字化信息当然是更加容易消逝的，因为保存信息的存储设备通常在经年之后不再可读，或者读取设备所需的硬件已经不复存在。因此，为了我们的后代，将我们共同的数字化网上生活保存在一个档案馆中是一项艰巨的任务，而通过互联网档案馆目前仅仅实现了一小部分。不幸的是，档案馆里并没有记录和存档我们收集的社交媒体历史。因为脸书、Instagram 和其他平台都将数据封存在他们的数据库中。如果某一天这些公司不存在了，我们的社交媒体历史也将烟消云散。但是，这也许还不是最糟糕的。

05
CHAPTER

对与错：
我们的偏见依然存在

人们可以教会机器道德吗？

我们的社会只在大部分生活领域运作，因为几乎每个人都总是按照我们共同定义的"善行"行事：帮助别人是好的，偷窃别人的东西是坏的。

人类在这些道德观念中长大，并从小开始践行。但是，在我们的世界里扮演越来越多角色的机器呢？毕竟它们被用于医疗卫生事业，接管了汽车的控制权或者人事管理权。人们可以教会它们我们的道德和伦理观，从而让它们了解什么是"好的"或者"坏的"行为吗？为了找到这个答案，我会见了罗伯托·齐卡里（Roberto Zicari）教授，他创立了"Z-Inspection"，一个针对值得信赖的人工智能的国际化专家网络。

他认为，在人工智能中始终会存在一个"嵌入的伦理"，因为我们人类为算法决定了它所学习的训练材料。举一个例子：谷歌的子公司 Waymo 已经训练了一个神经元网络来模仿"好的驾驶"。为此，该公司声称使用了"有经验的"司机的驾驶数据。罗伯托·齐卡里认为这其中已经有了一个预先给定的参数。"谁来定义什么叫'有经验的'司机？至少 10 年没有事故记录的人？过去 12 个月里没有超速的人？持有驾照至少一年的人？正如我们看到的，什么是'有经验的'司机，并没有一个明确的定义。但即使如此，工程师还是选择了'有经验的'司机的数据输入人工智能，然后人工智能从这些例子中学习。"

所以如果人工智能只从这些过去 12 个月里没有超速的人的训练数据中学习，它就会将符合这种规则的行为视为"好的驾驶"而可能忽略其他重要的方面，比如不出事故，或者在许多不同驾驶情况下的经验。如果按照这样进行训练的人工智能被一家保险公司投入使用，那么它就会将所有没有超速的人都评估为"好司机"。又比如，如果有人为了躲避一辆从右车道驶入的卡车而加速行驶，那么他有可能因为这个行为而被评估为坏司机，即使他已经 30 多年没有开车出过事故了。事实上，只有为算法提供中性的、全面的训练数据才能帮助我们走出这个两难之地。

但是对于齐卡里教授来说，生成包括所有好的和坏的驾驶行为的真正中性的训练数据是无法实现的。"您想想，人们在驾驶车辆时要考虑多少可能会导致出错的事情。这几乎是不可能的。但是实际上人工智能确实应该学习一切东西：比如说如何不做某些事……"对于齐卡里来说很明显：每一个通过机器学习进行训练的人工智能都已经由它的程序员置入了伦理或者道德行为准则。但是问题在于，这只是这些人对于道德的理解。如果这些人是富有的、年轻的白人男性，相比一个来自不同年龄阶段、性别和出身的团队，人工智能显然会得到对于"好"或"坏"，"正确"或"错误"完全不同的理解。这也解释了为什么来自人工智能的明显偏见更经常被曝光，这一点我们将在本章节的各个部分进行讨论：内置于给皂机中的手部识别算法不会给黑皮肤的人皂液，因为它只针对浅色皮肤的人训练过；出于同样的原因，自动照片分类将深肤色的人归类为猴子；相比起男性，面部识别更容易在识别女性时出错。许多这样的例子在数年后才被曝光，因为设备无法正常工作。

在我们尝试教给机器道德之前，我们必须首先教会编程、训练和使用机器的人们道德。比如，融合了科技、社会和伦理问题的课程对此会有所帮助。由不同年龄阶段、性别和肤色的人组成的数字团队也对此有益。不过，对此能发挥最大作用的是，确保我们在现实世界中的道德观念也能投射到数字世界中去。遗憾的是，情况并非总是如此，看看网络上的乌合之众和仇恨攻击，看看其他一些犯罪行为，这也是我们接下来章节的主题。

人工智能会像法官一样公平地对待我吗？

现在让我们在脑海中模拟一次打劫！试想一下：我们正在爱沙尼亚度假。我们漫步在塔林的古老街道上，对过去的建筑赞叹不已，悠闲地走过教堂、咖啡馆和商店。在一条小巷里，我们看到一家高档商店的女店主正激动地对着手机讲话。从她叫骂的大声程度来看，她肯定和某个人之间出现了感情危机。这场争吵肯定还要持续很长时间！在激动中，她离她的商店越来越远，显然不再有精力去注意周围的环境了。我们走进商店，发现一个摆满了名牌钱包的陈列柜是打开的。机不可失。只需一伸手，两个普拉达钱包就进了我们的背包。现在快跑，离开商店！女店主看到我们跑出去，在我们身后高声叫道："停下！"我们迅速顺着街道朝下跑，然后直接撞进一个警察的怀里。太倒霉了！我们的个人资料被当场记录下来，然后我们被告知，一个审判机器人将对我们进行裁决。

除了您和我都是完全不会违法乱纪的人以外，这个故事的其他部分都不是虚构的。因为在爱沙尼亚，司法部门正在投资开发一个审判机器人，它可以对涉案价值在 7 000 欧元以下的案子作出裁决。在这个项目框架内，店主和我们的律师将文件和证据上传到一个服务器，这个人工智能法官将依据这些证据对我们做出审判。

我们应该习惯于人工智能系统在越来越多的情况下根据冰冷的统计数据计算概率的方式。但为什么打击犯罪要从这里排除出去？这些算法的决策对我们来说通常是冷酷的，甚至应该在道德上受到谴责，比如一个预测性警务系统的算法会将巡逻车主要派往外国人比例高的地区，因为根据统计，那里的犯罪概率更高。这不是算法不公平，而是现实。现实迫使没有固定收入的新移民只能搬往因为犯罪率高所以租金低的地区。在这样的地区，外国人的高比例和犯罪率的高比例之间是有一定相关性的。但是每个有脑子的人都能轻易理解，前者并不是后者的原因。遗憾的是，算法在这方面并不擅长。它的判断仅仅基于掌握的数据。它还会计算出这个市区的犯罪率比其他市区的犯罪率高。因此，我们民主社会的任务是，不能简单地采用算法计算出的歧视性结论，而必须在事先检查训练材料是否能够针对这些统计概率做出公平的决策。

另一个例子：如果想要训练一个算法来预测某个特定社会阶层的犯罪概率，仅仅将已经侦破的案件数量与所统计的人口数据来进行比较是不够的。我们都知道，在世界上的大多数司法系统中，盗窃或者抢劫等简单犯罪行为是比投资欺诈或者逃税等更常见且更容易解决的。第一种犯罪类型更有可能是穷人所为，而且发生频率很高。相反，第二种犯罪行为更可能是富人所为，并且更难以被追踪，因为这些案件更加复杂，而且往往有优秀的律师参与其中。然而，它们造成的伤害要大得多。从这些统计数据中得出结论，穷人要比富人犯罪概率更高，当然是无稽之谈。

另一方面，如果算法能够尽可能地得到不包含任何偏见的数据——它们将比人类更加廉洁。它们不会被花言巧语、肤色、性别、昂贵的西装和一大群律师吓倒，而是根据事实来做出判断。对于来自法兰克福大学的罗伯托·齐卡里教授这样的数据伦理学家来说，其面临的挑战是"了解决策是如何制定的，以及这些决策对整个社会的影响"。他向我解释说，在他看来，这是整个社会的任务："由于人工智能发展尤其迅速，而且它属于最具前途和最重要的数字技术之一，因此，在当前的政治、经济、社会和法律议程上建立对这项技术的信任尤为重要。人类和人工智能系统之间的信任对于促进一种对社会有益并充满责任心的人工智能的开发和使用至关重要。"

尽管除了爱沙尼亚、格鲁吉亚、波兰、塞尔维亚、斯洛伐克、美国和中国等国家都已经布置了自动化法律决策系统，但在刑事领域，这种信任还没有真正普及。因此，《欧洲法律杂志》（*European Law Journal*）的研究人员和法律专家表示，即使他们作为专家，也不完全相信这类系统是不是真的公平："作者们也存在分歧：这些技术是否是刑事司法系统的灵丹妙药——比如减少案件处理中的积压情况——或者它们是否会加剧社会的分裂并且危及基本自由。"

人工智能法官是否会给我们一个公平的裁决，这个问题关键取决于谁为它编程以及它从哪些训练数据中获得了它的知识。这些数据包含的偏见越多而维度越少，人工智能对我们的裁决就会越不公平。比如，如果这个爱沙尼亚的人工智能了解到，外国人（比如我们）会比爱沙尼亚人犯下更多罪行，那么对我们的裁决很可能会更加严厉。尽管如此，我还是希望我们只是在这场抢劫案里被处罚金。如果不是这样的话，我们可以向人类法官上诉爱沙尼亚机器法官的判决。

什么是数据歧视？

让我们继续探讨一会儿算法的公平性这个话题。当我在必应、DuckDuckGo 或者谷歌上的图像搜索中输入"手"这个单词时，这个身体部位会以各种形式呈现在我面前：打开的、合拢的、患病的、握成拳头的。只有一个特征保持不变：肤色。我必须滚动鼠标很长时间，才能在结果中第一次发现不是白种人的手，尽管这与我们人类的数量分布并不相符。搜索结果偏爱浅肤色的原因就是在许多技术层面牢牢嵌入的歧视。这种歧视在录像年代就开始了。从一开始，电影和照相技术就仅仅针对肤色白皙的人群。好莱坞导演巴里·詹金斯（Barry Jenkins）在接受采访时解释说，即使在今天，深肤色仍然要适应技术能力："从技术层面来看，电影一直都专注于浅肤色：布景，化妆，甚至被用于电影图片超过一个世纪的胶片乳化剂。深肤色反射光与浅肤色不同，为了避免反射，它们会被覆盖上粉底。"

这种对某一肤色的偏爱在数码摄像中也一直存在：相机的传感器是专为白皮肤设置的，因此其他肤色的人在他们的照片中效果都不太好，或者不得不补充额外的光线来提亮他们的皮肤。这种由技术条件决定的歧视也意味着——除了在世界范围内的时尚和艺术摄影界普遍偏爱浅肤色人种之外——存储在图像数据库中的浅肤色人群的照片或录像要比深肤色人群多得多。这些图像数据还会被用来训练算法。正如您在本书其他章节看到的那样，算法在机器学习时会通过自学使自己获得由训练数据派生出的规则。比如，如果算法根据存储的图片来训练认识"手"的特征，它通常只会看到一些浅肤色手的图片，因此也只能认识类似这样的"手"。当然，同样的情况也会发生在身体的其他部位上，甚至可能是脸部。为什么长久以来没有人注意到这一点呢？

大多数训练算法的科学家仍然是年轻的白人男性。因此他们完全没有意识到，算法的训练数据中已经包含了歧视，这不仅涉及肤色，还包括其他的特征，比如性别或者年龄。这些系统性的歧视贯穿了所有科技领域，有时候还会产生奇怪的后果。我们已经提到了几个例子：一个谷歌算法的早期版本将深肤色的人分类到一个大猩猩的照片集中，以及一个只给浅肤色人提供肥皂的肥皂机等等。一个自动分析求职者个人资料的软件超出平均水平地偏爱许多年轻的白人男性。活动家乔伊·博拉姆维尼（Joy Buolamwini）在著名的 TED 演讲中表示，她电脑上的面部识别软件甚至拒绝将她黑皮肤的脸识别为人脸。白人同事的脸很容易被认出来，即使是一个白色的狂欢节面具也能被识别，但是一个女性科学家、民权组织算法正义联盟（Algorithmic Justice League）创始人的真实的脸却不能。

因此，被用于安全领域比如机场或火车站等场景的人脸识别软件只有在识别白人男性的时候才能勉强算得上精准，女性或者黑色人种通常难以被这些系统识别，甚至会被错误地认定为通缉犯。同样的情况还发生在被美国（以及其他国家）警察和安全机构用于在街上进行面部识别的软件。这导致警察检查有色人种的次数比检查白人的次数要多得多。警察使用的算法甚至会导致错误的逮捕。比如，罗伯特·威廉姆斯（Robert Williams）就被无辜地逮捕了，因为底特律警方为了寻找犯人所使用的算法将他和一个通缉犯搞混了。当他向警察指出，他的脸和通缉犯的脸完全没有任何相像之处时，警察回答说，电脑给出了很大的概率，这两个人是同一个人，而忽略了他们自已正常的智商。

幸运的是，正是因为媒体上这些引人注目的例子和报道，这种现象慢慢有所改善。大型科技集团也越来越多地注意到，这些歧视性偏见被发现存在于最基础的部分。随着算法在所有生活领域的广泛应用，陈旧的偏见却已经在许多系统中根深蒂固，甚至没有办法替换。除此以外，给皂机、数码相机、猫眼或者安全摄像头所使用的软件也不包含任何指示信息来说明它们的组成部分是不是都经过了非歧视性训练。这不仅涉及图片，还涉及文本。谷歌人工智能伦理团队前负责人提姆尼特·格布鲁博士（Timnit Gebru）提请注意一个深远问题：主要使用英文来工作的搜索算法在互联网中所占比例超过 60%。互联网访问途径较少的国家和人民在那里留下的语言足迹较少，并因此会遭受算法的系统性歧视。德语网站也受到了影响：它们仅占互联网的 2.4%。因此，通过格布鲁博士这样的活动家将更多算法做出歧视性决定的事件公开非常重要，比如"黑人的命也是命"活动或者"性别正义团体"等。这个问题影响到我们所有人，因为我们每个人都有可能因为性别、肤色、年龄、行为或者互联网上的数据记录在申请贷款、边境管制或者流程申请中遭受歧视。

由软件导致的数据性歧视很容易对某人造成不公正，比如，由于年龄的原因，招聘软件将不推荐他参加面试。然而，在个案中验证这一点是非常困难的。更重要的是，我们通常会根据算法的统计评估来确定何时执行某个操作，以便在有疑问时采取行动。因此，数据道德委员会也在他们提交给联邦医院的报告中呼吁鉴定义务。您不要误会：并非算法会歧视，而是人类会歧视。因此，解决的方案绝不是将算法排除在决策过程之外。相反，我们需要更好地认识到技术系统中来自人类的歧视并克服它。因此，在本书的后续章节，我们将继续对算法训练的不同方面以及透明度（即使存在黑箱）进行深入探讨。

为什么我们都会被假新闻蒙骗？

我的朋友克里斯蒂娜急匆匆地给我播放了一条 WhatsApp 的消息，这条消息来自她儿子幼儿园班群里的一位母亲，我必须要听听这个消息。我听到："你好，亲爱的伊莎贝拉，我是伊丽莎白，波尔迪的妈妈。"这声音听起来像是一个友善的但非常焦虑的年轻女性。她说她从一个在维也纳大学诊所工作的朋友那儿听说，那里的医生发现了"确凿的证据"证明布洛芬会加剧新冠病毒的传播。遗憾的是没有这方面的书面信息，因为制药企业有可能对此采取措施，但是人们应该尽快把这个消息传递出去。我问克里斯蒂娜："这是真的吗？"她仿佛被冒犯了，回答道："当然是真的！我告诉过你了，这是我们幼儿园班群里的消息！"

在接下来的几天里我再次收到伊丽莎白的信息：一位法国政客的推文指出了同样的成分问题。我的几位朋友和熟人也跟我讲了维也纳大学诊所突破性的发现以及来自朋友圈的WhatsApp消息。虽然不知怎的，我不是很相信这个消息，但为了安全起见，我还是从药店买了一盒扑热息痛，因为我完全能够想象，这条消息可能会导致布洛芬的替代药物很快就销售一空。开明和理智的行为到此为止！

不过我还是不太确定，因为这个故事太完美了。它具备做出完美虚假消息的所有条件：首先是一个非常私人的讲话方式，让所有人都能轻易地宣称，这条消息来自自己周围的社会环境。当我们继续传播这些消息时，我们喜欢通过一点点欺骗以及与发起者建立直接联系来增加其可信度。就像我的朋友克里斯蒂娜对天发誓说伊丽莎白是幼儿园班群里一位母亲的朋友一样。其次，这个故事中包含了一些听起来很真实的内容，比如诊所的名称、一群医生、有效成分的具体名称。通过这些虚假消息中包含的少部分真实信息（比如某些止痛药可以稀释血液），整个事情会变得更难以反驳。如果人们在在线论坛上查看关于此消息的讨论，会发现很多仅仅根据个别正确命题就想以此证明整个消息的假定正确性的帖子。这个现象我们也可以类比到星座命理，我们也从其中的部分正确事实就自己推断整个星座命理的理论是可信的。第三，官方研究不针对这一开创性认知进行解释说明有一个很好的理由：对制药业压倒性权力的恐惧。第四，由于关于不久前暴发的新冠肺炎疫情大流行的新闻仍然非常混乱，因此还有一个迫切的诱因：所有关于这个主题的消息都应该被迅速地病毒式传播开来。毕竟谁能拒绝成为率先向他们的朋友圈宣布一项突破性发现的人之一的诱惑呢？

对此我只能建议：请您这样做！请您继续抵抗！请您去验证这些事实！如果有疑问的话，就等几天再转发这些消息。我对自己很生气，因为我没有对克里斯蒂娜传给我的故事做这样的验证，没多久之后维也纳医科大学就公开指出没有"维也纳大学诊所"这个机构，而且他们自己的科学家也没有关于布洛芬的任何研究。世界卫生组织明确表示，尽管止痛药中的某些特定成分由于其血液稀释作用确实能延缓病情发展，但是"没有证据表明布洛芬会对新冠患者产生负面影响"。报纸甚至每日电视新闻终于对这条 WhatsApp 消息和那里流传出来的虚假评论进行警告，因为经过深入研究，实际上没有证据表明这个所谓的波尔迪母亲的指控是正确的。许多媒体尝试寻找这位神秘的伊丽莎白和她的儿子，但始终找不到这个女人。

新买的那盒扑热息痛今天还躺在我的走廊里，它每天都在提醒我，人们有多么容易被听起来可靠的消息所迷惑。

假新闻会造成什么损失？

谈到大多数虚假消息的时候我都会问自己：这些假消息到底让谁受益？如果伊丽莎白和波尔迪充斥了所有 WhatsApp 群组，谁会从中受益？为了寻找其中的原因，让我们来看看不同形式的虚假消息。最无害的是玩笑或者恶作剧，它们产生影响的方式与愚人节没有太大的区别。古老的都市传说，比如"蜘蛛在丝兰"以及很多连锁信，都是相同的运行原理。大部分时候它们都被用于娱乐，但在个别情况下也会产生危险的影响，比如人们可能通过传递信息而传播了电脑病毒。但是通常来说，只有那些把这些笑话带到这个世界上并且很高兴有这么多人会爱上它们的人才会从这些笑话中获益。

第二种类型的虚假消息有很明显的欺诈意图。这包括号召它们的接收者以令人难以置信的价格（比如"这款 iPhone 只需要 1 欧元！"）进行捐赠、参加抽奖或者其他活动，或者"一个老太太在寻找继承人"之类的诡计。如果一条消息看起来已经非常真实了，那么它一定值得在点击之前做进一步的研究。

在 Mimikama 协会（mimikama.at）您通常都会找到想找的东西。十多年来，它的成员一直在收集这样的虚假报道，而这个网站，也是当我们遇到奇怪消息时对其进行验证的第一站。在第二种类型的虚假消息中很明显是存在经济利益的。通常来说，当一条消息被传播百万次时，一些傻瓜就会陷入欺诈。然后他们会透露自己的数据，这些数据可能被用于犯罪；或者花钱购买所谓的非常低廉的商品，这些商品有可能是假货，或者根本就不会收到货物。许多这样的虚假消息最终还指向了完全靠广告盈利的网站。因此，这些假消息的唯一作用就是可以在网页上产生尽可能多的点击次数，以便通过高访问率在页面上产生广告收入。

虚假消息每年会造成数十亿美元的损失。我们这些个人用户到底还有没有机会在这个全球性、专业性的游戏中对抗它呢？至少我们可以通过我们的行为支持打击错误信息的斗争。在收到每条信息时我们都应该问自己，它的内容是否真的符合事实。健全的理智或者一些服务，比如 Mimikama 都可以帮助我们核查事实。当我们不能完全确定的时候，那么就不要转发这个消息。现在每个孩子都应该在学校学习到，无论如何都不要点开未知的信息或者那些听起来不错的利益承诺。这也能够保护我们免受数据收集和病毒传播的侵害。WhatsApp、推特和脸书等提供商现在也为我们提供了技术性解决方法：他们的算法会在收到无法保证真实性的消息时立刻做出反应，然后阻止其进行大规模共享。推特甚至可以检测这条消息在与他人共享前是否已经被人阅读，如果有疑问，就会阻止其传播。用户与电子邮箱中垃圾邮件的斗争也持续了数年时间，但是由于经验丰富的用户们的常识和技术解决方案的结合，现在垃圾邮件已经得到合理控制。同样的状况，希望我们也能在虚假消息这方面看到。

但是，我们还没有谈到最危险的虚假消息形式。它甚至会损害民主结构或者我们的基础设施。它太过于罪恶，以至于波尔迪的妈妈在它面前完全是小巫见大巫！

毁掉一个人的名誉要付出什么成本？

最危险的虚假消息版本可能是针对性的政治虚假信息。它们一般出现在政治宣传中，而其发起者的信息（以及他们的具体动机）通常是隐藏的。这使得它们非常难以被追踪，并且反复引起激烈的政治讨论，比如欧盟和俄罗斯之间的讨论。这些信息的目的是通过损坏个别人的声誉或者扰乱整个国家的社会安定来破坏对立政治团体或者组织的稳定。

近年来最为著名的虚假信息宣传可能就是以唐纳德·特朗普（Donald Trump）选举为背景的活动了。比如出现了这么一些虚假新闻，特朗普的竞争对手希拉里·克林顿（Hillary Clinton）与位于华盛顿特区一家披萨店中的儿童色情团伙有所牵连。这场虚假宣传对民主党的反对者非常有效，以至于一名男性手持自动步枪袭击了这家披萨店，以释放被关押在那里的儿童。当然，这整个事件都是虚构的，并没有孩子被监禁，而这名男性则要在监狱中度过好几年。

在德国，类似的虚假宣传也时有发生。比如，有故意散播的报道称，俄裔德国女孩丽莎据说被难民强奸。尽管警察利用收集的数据澄清了丽莎当晚与朋友在一起，因为学习问题根本没有回家，但是社交媒体并没有因此冷静下来。一次又一次，虚假的报道及其细节被分享，并且通过点赞和转发的方式引起用户的积极关注。

这种彻头彻尾的虚假信息目的明确地针对联邦政府的难民政策，并引起了极大的不安。因为一旦某种言论第一次出现在世界上，那么它就会仅仅因为其广泛传播而被许多人视为真实。这种对实际上已经被证伪的言论的"固执"是虚假信息能够成功的一部分原因。来自科学与政治基金会的马蒂亚斯·舒尔策（Matthias Schulze）等科学家称这种策略为"腐烂的鲱鱼"："在互联网或者小报媒体上散布某人的匿名谣言，比如虐待、腐败丑闻或者桃色事件。这些故事的负面'味道'会象征性地附着在目标人物身上。"以轰动性事件为导向的小报媒体或者那些没有可靠消息来源的媒体甚至可以从这些活动中赚钱，因为丑闻会让报纸有更多印次或者给网站带来更多点击——无论消息是真是假。

发起这样一场针对政治对手的"鲱鱼运动"甚至并不是

特别昂贵。研究人员里昂·顾（Lion Gu）、弗拉基米尔·克罗波托夫（Vladimir Kropotov）和费奥多尔·亚罗奇金（Fyodor Yarochkin）准确计算了将一个虚拟公众人物的声誉在 4 个星期之内损害到人们谈起他只会沉默的程度需要多少成本。为了制定出"账单"，他们开始在网上下订单：5 万次转发和点赞传播虚假报道以及 10 万次点击，每周花费 2 700 美元。除此以外，他们还购买了 4 000 条出现在这些报道下面看起来与之相关的评论：1 000 美元。随后，价值 240 美元的 20 万水军渗透了这个推特账号。接下来，他们会以 3 000 美元的价格购买 12 000 条评论，其中大部分是负面评论以及指向更多诽谤和虚假故事的附加链接。最后，为了使目标人物的真实工作看起来是负面的，他们还会额外购买所有关于他们公开言论的负面评论，包括 1 万次转发或者点赞，花费约 20 400 美元。最终结果是：几周内，只需要 50 000 美元就足以摧毁一个人的名誉。

这立即引发了一个问题：到底谁会从这样的虚假信息传播活动中获益？上述金额主要是被汇入欺诈机构的账户中，这些机构准备了由一大批工作人员、机器、僵尸号等组成的强大的"军队"，以制造如此声势浩大的舆论情绪。这些信息会被许多别的情报机构所使用，用来攻击政治对手或者影响选举。最有趣的相关讨论之一就是肮脏的宣传活动会对选举结果造成什么样的影响。

幸运的是，有越来越多的研究得出结论，虚假新闻虽然确实对人们现有的观点有动员和强化作用，但是对于一个生活在媒体之间联系良好的社会中的人来说，也仅仅是万千信息中的一条可获取信息罢了。也许您还记得：同样的结论我们在关于过滤泡沫或者意见泡沫中也已经得出了。尽管这个认识对于被破坏的竞选中的受害者没有任何帮助，但是我们期望，人们不要被虚假新闻变成盲目的选举傀儡，从而使世界上出现一个又一个疯狂的总统。

我们为什么需要黑客？

在本书的不同章节中我们都愉快地遭遇了黑客。在公众的认知中，这些黑客主要是一些恶劣的年轻男孩和女孩，他们侵入服务器，窃取我们的密码和信用卡数据，然后在暗网上进行出售。人们也把这种人称为"黑帽黑客"或者"破解者"。我们也看到了一些好的黑客，所谓的"白帽黑客"，比如弗拉季斯拉夫·伊柳辛（Vladislav Iliushin），他帮助我们了解了一个智能电灯多么容易成为入侵整个公寓的大门。

这两个团体的工作方式非常相似，并且使用同样的知识来执行他们的黑客攻击。黑帽黑客非常喜欢闯入计算机网络，然后规避安全协议。为了访问企业或者个人电脑以便进行勒索，他们还会编写恶意软件。要么他们的动机是政治性的，因为他们受雇于某个国家或者政府，或者他们本人就想伤害其政治对手；要么他们受到利益的驱使，因为可以通过恶意软件和勒索软件来敲诈获得大量金钱。这些恶意软件会对整个硬盘驱动器的内容进行加密，只有在支付赎金后，这些内容才会被释放出来。如果您还没有这样做过，那么请您务必了解如何保护您的计算机免受此类入侵者的侵害。许多公司都有像你我这样的人，在遭受攻击后必须支付巨额赎金才能重新获得对其数据的访问权。专家估计，2021 年，网络犯罪使全球经济损失超过 6 万亿美元。这使得该犯罪行为拥有全球第三大经济强国的体量。

"没有人需要这样的数字罪犯！"您现在肯定会这样说。但是基本上我们完全可以为黑客的存在感到高兴。当然我指的不是黑帽黑客，而是他们的罗宾汉式的对手。

白帽黑客，或者"有道德的"黑客，利用他们出色的知识来测试系统和网站的漏洞。事实上，许多企业或者政府都雇用了专门的黑客来查清他们的关键系统、数据库或者企业机密的被保护程度。他们的行事方式与他们违法的同僚们是一样的，区别在于他们在管理层知情的情况下做这些事情，而且他们可以通过自己的专业技能赚很多钱。因为对一个企业来说，提前发现薄弱之处比在紧要关头付出昂贵代价要划算得多。

一如既往，黑客攻击也有其中间地带，并不是非黑即白。

对我们个人用户来说，"灰帽"黑客也许是最有用的群体。他们在未经允许的情况下寻找软件或者网页的漏洞。如果他们发现了漏洞，就会向其所有者报告，并且通常会以此要求报酬。但是如果所有者没有在短时间内排除这个软件问题，黑客就会把发现的漏洞发布到网上，这下所有人包括犯罪分子都可以查看并利用这个漏洞。这项工作虽然被认为是违法的，但却是我们的手机软件和操作系统中最重要的安全活动之一。近年来，知名厂商的应用程序或者苹果、微软或者谷歌的操作系统中所有重大的、潜在的危险漏洞都是被这样一些"灰帽"黑客发现的。多亏了他们，制造商才会在短时间之内被迫发布更新来弥补这些安全漏洞。我们的数字生活因为他们的行动（请注意，这是违法的）而变得更安全了，因为他们承担了程序制造商不愿意为此花钱的质量安全措施。

顺便一提，帽子的颜色是来自所谓的意大利西部片中的传统。在那里，坏人总是戴着黑帽子，好人戴白帽子，灰帽子主要是商人或者银行家在戴。不管怎么说，确实很合适。

为什么语音助手总是女性？

20世纪90年代末，愤怒的来电者让宝马公司的客服中心瘫痪了。该公司刚刚在他们的新车上安装了全新的语音导航系统，当大部分男性司机突然听到一个女性的声音告诉他们路要怎么走时，他们简直不敢相信自己的耳朵。问题在哪儿？男人们绝不会愿意让一个女人来告诉他们要往哪里走。宝马反应很快，将这些设备全部召回并将语音输出更改为男性声音。

时代变了，如今几乎大部分语音助手都是女性。亚马逊的 Alexa、苹果的 Siri 或者微软的 Cortana——名字听来就很女性化了，而且大多数情况下声音也是女性。这不仅仅是西方才有的情况，因为来自百度或者小米的中国助手也用女性的声音说话。即使这个声音可以改变，大部分情况下人们也是使用女性的声音。一般来说用户不会改变声音设置。

对于圣加仑大学传播管理学教授米里亚姆·梅克尔（Miriam Meckel）来说，这并不是计算机助手家族中平等的标志，而是一个问题。"随着孩子们越来越多地与 Alexa 和 Cortana 打交道，这可能会对一个社会中性别角色的理解产生影响。"梅克尔解释说，他还指出，这些设备在此期间还要抵御众多的性骚扰。几年前，它们对这些性骚扰的反应还是礼貌的、幽默的或者甚至害羞的。但是在被抗议后，许多制造商对其进行了改进，因此现在系统对此反应非常明确。例如，如果你问苹果的 Siri 它是否愿意与某人发生性关系，它会简单而坚定地说："不！"

尽管做出了这些修正，联合国的一项研究得出的结论是，助手系统中的女性声音因为它们的任务更具有服务性质，这向我们的社会尤其是儿童发出了错误的信号："在表达中展现出来的从属感清楚地表明了被编码进技术产品中的性别偏见，而这在技术领域和数字技能培训中无处不在。"因为 IT 世界仍然由男性主导，在用户方面也是如此，"女性对如何将数字技术用于基础应用的了解比男性要少 25%"。

如此多的助手系统使用女性的声音，其中一个原因是男性在技术领域的优势。从技术上讲，男性的声音根本不是问题。但是苹果和亚马逊表示，有研究称，该技术的用户群体更喜欢女性的声音。这样做的原因通常是女性声音一般来说更容易被理解，因为声带在更高的音调时振动更快。研究还表明，大多数人在发表权威声明时更喜欢使用男性声音，而在提供帮助时使用女性声音。这个微妙的区别在于使用目的：发表声明来自男性，提供帮助来自女性。这种过时的机器人性别角色形象也在科幻电影里得到了巩固：专制和充满威胁的声音通常都是男性的，比如在斯坦利·库布里克（Stanley Kubricks）的《2001太空漫游》（2001 Odyssee）中凶残的 HAL9000。与之相反，服务性质的机器，比如《星际迷航》（Star Trek）中的机载计算机，说话就是女性声音。由此，分析师蒂姆·巴贾林（Tim Bajarin）推断，如果不是企业害怕他们的用户联想到负面、邪恶的科幻计算机，那么会有更多的计算机生成男性声音。

但我希望，我们今天的社会已经发展到比汽车中出现第一个女性声音时更加进步。令人欣慰的是，程序员已经可以通过"Q"来使用第一个无性别声音了，由此计算机系统不仅可以扮演男性或女性的角色，还可以在两者之间的细微差别中实现性别中立。我们也可以停止使用默认设置。到目前为止都只得到了女性助手的帮助吗？解放您的 Siri 和 Cortana，从现在开始，让他们的男性版本为您服务吧。他们同样乐于为您提供帮助。

我从何得知我是否在与一个机器交流？

只要给算法和通信机器人贴上标签还没有成为义务，那么我们就会越来越多地发现自己处于不知道是在与人类还是机器交流的境地。特别是在通信机器的两个应用领域越来越广泛的今天，比如被应用于公司客服中心的聊天机器人，以及肩负着社会、经济、政治，甚至是犯罪使命的社交机器人。后者您已经在前几页中了解过了。

让我们来看看这两个应用领域。在我的《机器的创造力》一书中，我仔细研究了为什么聊天机器人被这样编程以至于能够快速获取我们的信任。一个程序员在接受采访时说，许多人心甘情愿地向机器人透漏个人隐私、未来梦想、爱情生活中的细节甚至是密码。我们有很大的兴趣与数字银行员工、电信顾问或者治疗师交谈。平均而言，我们与人工智能交流的时间甚至超过了与它们的人类同事的聊天时长。我们与机器人之间建立起来的毫无保留的距离也能够被应用于比如以聊天机器人的形式来实施心理咨询和心理辅导，您将在关于健康的那一章阅读到相关内容。对大部分公司来说使用聊天机器人都是值得的，因为它们能够节约员工的宝贵时间，而且还能通过自动通信获得广泛的分析数据，比如客户满意度或者客户兴趣等。因为大部分聊天机器人还会收集用户的个人数据并在随后进行评估，比如访问者在网页上的行为、对特定主题的点击或者在聊天中提到的细节，比如搬家、婚姻或者个人兴趣等。

在聊天中，有时候不是很容易将机器人和真正的客服中心的人员区分开来。因为两者都遵循着现成的标准文本并按照脚本行事。机器人的编程也明显地情绪更加丰富起来：它们会使用表情或者友好的插入语，比如"我很乐意帮助您"。除此以外现在还出现了混合系统，在交谈最开始的时候由机器人来聊天，一旦对话变得复杂，就会由人类接手。自从我开始深入地研究这个课题后，我对聊天机器人的极限非常感兴趣。当我和机器人打交道的时候确实有一些明确的线索。最重要的是聊天程序完全缺乏幽默感：它们不知道什么是讽刺和挖苦。类似于"你真是为我做了很棒的事情呢！"这样的句子，机器人会将其作为客户高度满意的表达保存下来。对于"太棒了，我只需要等 6 个月就能建立新的连接了呢",友好的机器人用"我们能这样快速地为您提供帮助真是太好了"这样的句子来回答。它们还有语言障碍,因为很少有聊天机器人能够在交谈过程中更改语言,它们在从德语切换到英语的时候什么都听不懂。同样的情况还比如口音非常重的方言或者与上下文毫不关联的词句等。当我一定想要与一个人类交谈的时候,我通常会重复一些难以理解的命令或者奇怪的词语,比如"葡萄汁",直到这个机器人放弃并且给我转接人工。

这些程序同样也不能特别顺畅地阅读人类的情绪,因为算法是缺乏同理心的。如果您真的非常愤怒,您应该明确表示您不满意并且希望与一个人类对话者进行交谈。否则的话,您和聊天机器人及其标准化回复的斗争将陷入白热化。

随着社交机器人在推特、Instagram 以及脸书上恢复自己的个人资料,事情变得更加严重。因为虽然聊天机器人在大多数情况下都是为了帮助我们用户而进行编程的,社交机器人却经常被用来操控我们。虽然也有一些"好的"机器人可以自动传播天气预报、洪水警告或者流行病感染人数。然而这项技术也会被滥用,被用于将特定的话题或者内容作为社会或政治宣传而大规模传播,或者在其传播时通过点赞和评论进行推动。这种对机器人的滥用对于社交媒体平台来说是他们的眼中钉,因为它们甚至可以操纵平台的算法。比如,如果由多个这样虚假的个人用户组成的群体散布一个虚假消息，并且通过评论和转发模拟出一种强烈的互动性，算法就会被这些行动所影响，会认为用户好像对这个主题很感兴趣。虚假的信息随后在热门话题排行榜中的排名上升，甚至可能因此出现在您的朋友动态中，仿佛是一个值得信赖的信息一样——因为它被许多联系人都分享了。那么我们如何判断，一个信息到底是来自人类还是机器人呢？

人们可以通过不平衡的统计数据来识别此类机器人账户。如果一个 Instagram 账户只有 3 个粉丝，但是关注了 7 468 个人，就需要谨慎行事。在 4 个星期之内发了超过 3 000 条帖子也不是一般人能够做到的——除了唐纳德·特朗普。因此，这种行为通常都暗示这是一个机器人。同样的，一个典型的机器人账户根本不会自己发帖，而只是转发别人的帖子继续传播。

在德国，近年来有很多传播煽动右翼、仇外心理或者宗教敌意的自动化机器账户浮出水面。其背后的目的总是暗示用户某个特定的观点（由于其广泛传播）是主流观点。这样一来舆论就会被操控，因为只对一方有利的论点才被广泛传播。在竞选期间，这样具有操纵性质的信息还会改变意见的形成，甚至改变投票行为。因为，一些国家的政客越来越多地开始呼吁禁止或者至少鉴别这些虚假个人账户。我们作为用户的任务则是封锁或者报告这些账户。为了避免虚假新闻，也应该做到禁止机器人账户转发来源不明的内容。人们应该仔细查看可疑的账户，因为认证（比如推特认证有一个蓝色的小钩）并不总是意味着账户确实是真实的。德国机器人观察提案还发现曾经有机器人账号也被认证过。查看个人资料描述、分享的链接以及图片总是有帮助的。机器人账户的这些资料通常是杂乱拼凑起来的无意义信息。社交媒体的滥用者正是利用了我们的轻信和轻易与其他账号"交朋友"并连接。在我们发现以前，我们已经不知不觉成了不光彩甚至是犯罪行为的支持者。

　　练习识别机器人对话者是值得的，因为我们会越来越多地收到来自 WhatsApp、脸书、Telegram 或其他消息服务商的机器人的直接消息。由于通信渠道的隐私性，我们迟早要靠自己。但是以下这些情况通常也很容易辨别消息背后到底有没有藏着真人：如果在几秒钟之内就得到一个问题的回复，即使是一个相对复杂的问题，也很有可能是软件正在运行。机器人还没有办法在脱离上下文的情况下进行交流，比如，如果人们问它，它在一段文本"之上"或者"之下"表达的是什么意思，它没有办法回答。机器人说话的风格也非常奇特，例如，它们可以被编程为复制和重复我们已经使用过的概念，即使这看上去毫无意义。这种并不太聪明的伎俩也被一些想要骗取我们友谊的人使用。

如何避免网络上的假朋友？

越来越多的想要潜入我们社交网络的虚假账号发来好友请求，我们不得不保护自己免受其打扰。我每个月都会在领英上收到好几条来自未知账号的连接请求消息，比如这样的："亲爱的霍尔格，我和您一样多年来都在深入研究自行车比赛这个主题，如果能够加入您的网络，我会非常高兴。"当提到比如"自行车比赛"这样的话题时，这条信息显得尤为引人注意——我根本不关心这个。但是，几周前我确实评论了一个正在为此类比赛做准备的同事的帖子。所以理所当然的，某个人浅显地浏览了我公开的个人信息，然后选择了出现的第一个主题。大多数时候我根本不会回复这些请求，而是直接删除它们。如果我还不太确定，我就会用这个假账户的个人资料图片开始反向搜索，通常会在某个省级大学的主页上找到名称完全不同的原始图片，作为可供出售的照片或者是无数个其他账户头像。认真查看后，这些账户的名字，比如"拉斐尔·奥尔特加"（Rafael Ortega）、"克劳迪娅·施密德"（Claudia Schmid）以及简历上所谓的一些数据也会被发现是虚构的。这些不存在的人们通常非常一致地在丹麦、北京以及美国的大学里学习，即使他们学习的"市场营销""会计学"或者别的一般性科目在其他大多数大学里都有提供。然而，即使这些虚假账户有如此明显的问题，他们通常还是与我社交网络中超过 20 个朋友有联系，这可能会给我带来虚假的安全感。

像领英这样的提供商多年来一直在打击欺诈性的个人账户。该网络称，仅在 2020 年上半年，就有超过 3 000 万个虚假账户被删除或者被封禁。这是一件好事，因为它们带来的损失可能会非常大。通过这样的请求，他们会得到我们分享的诸如简历、职位、兴趣以及——当然，还有我们在社交网络中的朋友等信息。这样就能收集电子邮件地址和个人信息并且在黑市上卖个好价钱。"卖朋友"也是一种商业模式：只需要 49 美元，冒名顶替者和简历造假者就能获得 500 个领英链接。此外，这些假朋友还经常提供一些服务、商品、假赛或者犯罪骗局，比如转账 1 000 美元就能获得已故的尼日利亚公主的巨额财产。

对于企业来说，其员工的假朋友也可能成为一个真正的问题。在某些情况下，竞争对手可以使用虚假的个人账户接触到公司关键人物，然后将获取的信息用于谈判、截取客户或者公司自身发展。即使是将恶意软件秘密渗入公司，也往往是通过虚假账户的信任关系提前做好准备的，因为我们当然更愿意打开我们已经在 Xing 或者领英上打过交道的人的电子邮件附件。最后至关重要的一点是，我们在个人资料中使用的大量信息也会被用于窃取我们的身份。凭借我们的简历、姓名、最亲密的联系人和以前的同事或者雇主，可以实施许多犯罪行为。

领英、Xing 或者别的职业平台都拥有天然的专业和信任光环。大多数人也确实将这些平台用于职业方面。这种专业的环境可能会导致我们的轻信，并且给我们一种我们处在安全环境中的错觉。关键是：我们分享越多的信息，平台就在职业环境中对我们越有用。我们在社交网络中有越多的联系，在我们的领域里我们就看似越"重要"，影响力越大。因此，在专业的平台上吝啬于提供个人数据或者删除所有我们不熟悉的个人账户，也不是一件容易的事。毕竟我们已经在近年来学习到了，个人网络的规模是数字社会中真正的资产。因此，如果我们曾经有所联络，但是您却突然在您的联系人中找不到我了，请不要放任这件事，您完全可以向我发送新的请求信息。但是您在发送请求时也许最好不要谈到自行车比赛，而是向我说说，您有多喜欢这本书吧。

为什么每个人都能在网络上辱骂？

"让我们杀了这些猪吧"或者"这些混蛋应该被毒死"，人们经常在社交平台文章的评论中读到类似的甚至更糟糕的话。任何活跃在 Instagram，在那里发布帖子、图片或者视频的人，都可能遭受过无名魔鬼的攻击。许多名流和几乎所有有影响力的人都已经见识过了仇恨言论现象，一旦发布一个帖子，这种言论就会疯狂涌现在评论页。不少青少年都遭受过同龄人的欺侮、伤害和辱骂。

在这里我们必须要问自己的一个问题是：哪一些属于言论自由，哪一些应该受到法律的惩罚？因为不管怎么说，你的意见应该被允许在评论中表达，即使对方不喜欢这些言论。在德国，刑法明确规定了言论的限度：第 111 条禁止公开呼吁犯罪行为，比如谋杀某个政治家。在脸书上，针对莱比锡市长的这种类似的口头威胁让某个人付出了 1 380 欧元的代价。第 130 条规定了什么是煽动民众。一个油管博主因为在一个 80 万点击量的关于火车司机工会的视频中评论"这些混蛋应该被毒死"而被判入狱并处罚金 15 000 欧元。第 131 条禁止描绘和传播暴力，例如分享恐怖组织斩首的视频。第 185 和 186 条禁止侮辱性言行和诽谤。这一条也能在网上找到无数相关事例。比如，一位女士在脸书上宣称，一位市长与某人通奸。这个谣言使她损失了 1 950 欧元。

可以看到，法律明确规定了什么时候属于仇恨言论，什么时候是被允许的言论自由。这使任何人都不能在网络上随意辱骂您、我或者市长而不受惩罚。但是，当我们看看现实，问题马上就出现了，为什么这种情况仍然经常发生。在网络上仍然充斥着大量在违法边缘或者明显违法的言论。网络活动家乌尔夫·布尔迈耶（Ulf Buermeyer）是柏林地区法院的一名法官，也是德国在这方面知识最为渊博的专家之一。从许多年前开始他就一直在抱怨，虽然仇恨言论是犯法的，但是执法部门并没有始终如一地在网络上调查涉嫌犯罪的行为。在他看来，只有很小比例的违法行为被起诉了，因为一方面，当局没有足够的能力追究数百万起案件，另一方面，他们会优先处理其他更容易被追究的犯罪行为，比如简单的入室盗窃。然而，最重要的是，违法行为必须要被上报。这一点实际上从 2020 年开始就是平台自己的责任了。由于 NetzDG 法案（网络执法法）的变化，网络平台应该删除违法内容并同时向联邦刑事警察署报告。这适用于诸如支持恐怖主义、煽动民众、记录在案的儿童虐待、谋杀恐吓、强奸威胁和类似的严重犯罪行为。

然而，在接下来的几年里我们才能够知道，平台是否真正做到了这一点，或者甚至上报了过多案件，其中可能仅仅包含讽刺以及别的非违法内容。

如果您或者您的家人在网上受到侮辱和威胁，应该怎么做呢？首先，不要害怕告发违法行为！在许多地区，这甚至是可以直接在网上进行的。因为只有这样做之后，警方才会开始调查。此外，提交的每一项刑事投诉都有助于深化警方和当局对仇恨言论程度的认识。您还应该立即向涉事平台上报所有明显的违法内容。近年来，他们通过发布指导方针和报告表格使反对违法活动的行为变得更加容易。还有许多组织也帮助公开和追究针对某些特定群体的仇恨言论。由联邦家庭部发起的

"无仇恨言论运动"（no-hate-speech.de）和其他组织（比如阿马杜·安东尼奥基金会）都可以帮助提供信息和联合行动。如果某个言论非常伤人或者令人不适，但是又没有超出法律的界限，这将很有帮助。因为许多言论虽然不一定是违法的，但还是包含了种族主义、性别歧视和恐同偏见。通过积极地发表反对言论，可以有效地应对这些垃圾。因为温顺地接受这些侮辱显然不是一个好主意。如果我们对网络上的仇恨不采取任何行动，沉默的接受会使偏见和辱骂变得常态化。我们的信息不一定必须只针对攻击我们的人，而首先应该传达给其他人。发表反对的言论对那些沉默的读者最有效果，通过这样的方式可以明确地告诉他们，这已经超出了限度。这个策略的最好结果是，会出现越来越多负责任的、对这些乌合之众开始采取强力措施的用户群体。

我可以把算法当作造假者来使用吗？

我希望您现在能听听我最新的作品！这是一首钢琴曲。这首曲子让我想起了著名的《天使爱美丽》（*Die fabelhafte Welt der Amelie*）原声带作曲家扬·提尔森（Yann Tiersen）的风格。我的作品以一个非常温柔的旋律开篇，随着曲子的发展出现一个又一个新的曲调变化。最后这首曲子像夏日轻风一般浪漫地消散了。遗憾的是，我不能太过骄傲。事实上，我根本不会作曲。我用了一个应用程序，然后向其输入了《天使爱美丽》的主题曲作为灵感。十分之一秒后，它生成了新作品。所有这一切都是由人工智能完成的。这甚至是免费的，因为公司几乎不会为这样一个单独的作曲产生任何费用。因此越来越多的软件和网页都像能施魔法一样制作音乐、绘画或者写文章。在这背后是根据人类的模板从中学习如何绘画、作曲和写作的算法。为了展示这个算法的高性能，我喜欢演讲时在扬·提尔森的一首曲子之后直接播放现在这个作品，然后让观众们猜一猜，其中哪一个是由人类创作的。几乎一半的情况观众都会猜错，多么美妙的一个假货啊！所以我经常问自己，是不是可以把这首歌放到声田上然后以此赚钱。我们可以让这些功能强大的算法为我们工作，然后用它们的创作赚钱吗？

我请教了著名的 IT 律师尼科·哈廷（Niko Härting）教授。他这样解释这个复杂的情况："首先，我们需要搞清楚扬·提尔森的权利。如果新歌是在他的作品基础上进行加工或者改编的，那么人们在发布和复制这首歌之前需要询问他。或者原曲在新歌中太过于不起眼而可以被免费使用，从而导致作曲家无法阻止对其的使用呢？如果是这样被允许的改编，扬·提尔森就不是这首新曲子的作者，但是他有权获得新曲子赚取的所有收入。"

太遗憾了，所以我失去了声田的收入。这太危险了，提尔森先生的律师很有可能在我的作曲中发现过多的原曲痕迹。

但是另一个问题也引起了我的兴趣。谁是我这个模仿作品的真正作者？我是著作人吗，因为我按下了这个按钮？这个人工智能的算法或者它的程序员是著作人吗？对此尼科·哈廷有清楚的回答："这首新歌是否有著作人并且作为知识产权受到保护，是一个完全不同的问题。著作人永远只能是人类，而不可能是机器。著作权总是以一个创造性的创作行为为前提的——一种'原创性门槛'。任何巧妙使用软件创作出一件有创意的作品的人都是著作人，同时也享有所有使用权，但这只能是使用软件'按下按钮'并创建新歌曲的人。'按下按钮'必须不能是一个单纯机械化的动作。完全自动化生成的文本和音调序列是没有著作人的，因为它们缺乏创造力和创造性的工作。"

我真的不能为此抱怨"原创性门槛"，毕竟我在这个作品上花费的时间不到两秒。尼科·哈廷的回答的法律框架就是著作权。它之所以被提出，是为了让作品的创作者能够用他们的作品赚钱，而不会被偷窃成果的竞争对手或者一个家长式的赞助者对此提出异议。一个由人工智能作为创作者的作品是否可以受到保护，这个大问题目前已经有了明确的解决方法。到目前为止，只有人类的作品才能得到保护。例如，美国联邦法院针对一只猴子的自拍照片裁定，动物不能要求版权保护，因为版权保护的前提是人类的创作。这同样适用于机器。但问题是，鉴于算法的功能越来越强大，这个观点还能保持多久。因为，最迟到人工智能系统拥有一个通用智能的时候，我们就必须重新讨论，是否它们也能够进行可以与人类相媲美的创造性行为。

尤其是人工智能不仅限于对流行音乐的模仿，而是已经蔓延到从电影到古典音乐再到文学的所有艺术领域。在我关于有创造力的机器的书以及许多讲座和报告中，我对这些应用领域都进行了深入的研究，并不断遇到令人惊奇的事情：有模仿《哈利·波特》（*Harry Potter*）小说风格的算法，或者根据已故作者的书籍学习其写作风格并续写其没有完结的故事的程序。萨尔茨堡卡拉扬研究所的马蒂亚斯·罗德（Matthias Röder）目前正在使用机器学习，以便完成贝多芬没有完成的作品，以及巴黎奥比乌斯团体的艺术家们让人工智能绘制伪浪漫肖像或者假造古老的日本浮世绘。

观看绘画或者聆听音乐都非常具有娱乐性，但它是否也与我们普通人有关，即使我们不是作为音乐家或者画家为生？我认为是的。因为除了法律问题之外，这些算法的创作当然也对我们的日常文化产生了影响：几乎今天的所有报纸上人们都能找到算法生成的文本。在线广告中的横幅设计甚至面孔都越来越多地由程序生成，因为这能完全迎合受众的口味。只要使用软件创作音乐作品变得越来越简单、越来越便宜，我们就会越来越多地用它们来进行创作。今天，在音乐服务软件受喜爱的播放列表中，已经有许多歌曲被证明是由算法作曲或者甚至

"演奏"的。许多作品都——厚颜无耻地——与著名的乐曲（包括扬·提尔森的作品）有非常高的相似度。除此以外，当然也没有音乐家能因为它们而赚到钱。这对创作人员来说是一个越来越大的挑战，当他们的歌曲在流媒体上被收听时，他们只能从中获得很少的盈利。作为用户，如果我们有意识地收听或者收藏我们喜欢的乐队以及艺术家的音乐，我们至少可以为此做出一些贡献。这至少比长达数小时地播放自动播放列表中的相似背景音乐来得更令人兴奋。由于它们方便快捷的制作方式，我们已经在很多视频播客、油管影片、手机彩铃或者公司表演中听到它们作为背景音乐出现了。这时候"原创性门槛"倒是一个美妙的东西！

健康：每个人都是自己的医生

06
CHAPTER

电子医疗如何改变医疗卫生事业？

写一本书，会对您的健康非常有益！在我写上一本书时，由于长期打字形成了鼠标臂，不得不用软件听写了一些章节。讽刺的是，我当时所写的内容正是有关创造性的人工智能，比如语音识别和利用算法进行文字处理。所以我第一时间体会到了这项技术的局限性。尤其是 Siri 理解不了专业术语和外来词，这差点把我逼疯了。

所以我为这本书的写作做了更好的准备。在写作的日子里，我密切注意休息，疑神疑鬼地关注在肌腱上即使是最轻微的疼痛，并且马上通过按摩来使之缓和。所以我安稳地度过了前面几周，直到我突然感觉到心脏周围的疼痛。我吓得半死，开始测量自己的脉搏：每分钟 110 次。这对一个坐在办公桌前的人来说太高了！我想起我的智能手表好像可以测心电图，于是我把手指放在传感器上并且等待了 30 秒。设备显示"未知情况"。由于恐慌，我的脉搏更快了。我犯心脏病了吗？我是不是应该去医院？但是外面新冠肺炎疫情正在肆虐，对我来说医院似乎不是一个特别让人愉快的地方。在我站起身来并焦躁地四处走动时，疼痛慢慢消退了。我用谷歌搜索了一下，然后找到了从心肌梗塞到胸肌痉挛的所有相关内容。如果是心肌梗塞，除了奇怪的疼痛以外，我没有表现出任何别的症状。我决定，在开车去医院之前再等等，先和医生谈谈。那是星期五上午，我开始寻求视频咨询的可能性。事实上，当天下午我就立刻得到了一个杜塞尔多夫的医生的免费预约。15 点，我打开指定的网站，使用我的数据进行登录并等了一会，屏幕上出现了这位女医生的视频图像。她让我先把保险卡放在镜头前，这样我才能用我的保险来结算。然后我向她描述了我的症状，还通过共享屏幕给她看了我用智能手表记录下来的简易心电图。她问了我几个问题，消除了我对急性心脏病发作的恐惧，根据我的心电图数据也排除了心房纤维性颤动，但是她也建议我赶快在接下来的几天里去我家附近的诊所做进一步的检查，然后做一个动态心电图。

除了有点担心我的心脏外，我很兴奋。作为拥有法定健康保险的被保险人，我在短短 5 个小时内就预约了一位专家，并且和她讨论我的智能手表收集到的最新数据。我逐渐习惯了这种医疗服务方式：快速、可靠的在线初步咨询，然后接下来亲自前往诊所进行详细的检查。

由于新冠肺炎在德国的流行，那些拥有法定医疗保险的人几乎在一夜之间就能够使用视频谈话咨询，甚至能够通过远程诊断请病假。在这方面，其他国家走得更远一点：通过电子病历（ELGA），奥地利的患者可以直接访问自己的数据，比如处方药或者诊断结果；英国和瑞典的患者在很久以前就已经能够没有任何障碍地通过视频聊天接受治疗，并且同样通过这种方式获得处方；在爱沙尼亚，所有被保险人都为完全无纸化的医疗服务而感到高兴。在某些国家，数字化医疗系统已经建立得如此完备而影响深远，这仅仅是其中的几个例子。贝塔斯曼基金会在一项研究中调查了数字健康指数，并且认为爱沙尼亚、加拿大和丹麦位居前列，瑞士、法国、德国和波兰在最底层。

这个与众不同的应用领域有明显的优势：医生的工作更加灵活了。如果病人都在家中通过视频谈话的方式进行咨询的话，医生可以照顾更多的病人。这也使他们更容易与因为年老或者卧床不起所以没有办法经常亲自来诊所的病人定期交流。尤其在农村地区，医生经常长途跋涉，这使医生进行具体治疗的时间更少。视频会诊可以确保在未来覆盖到大面积的地区。这也减轻了病患的负担。像我一样，病人可以更快地获得线上专家的预约，因为专家们现在并不与附近的诊所捆绑在一起，而是哪里有空闲的预约，就能在哪里进行咨询。一些特定的话题，有些人可能更愿意通过远程视频来谈论。对患者来说，这也免去了他们耗费时间的行程以及在坐满病患的候诊室中长时间的等待。此外，如果患者使用自己的诊断设备，就会为诊断和监测提供更多实时健康数据。这可以是测量血压的应用程序、血氧含量传感器、数字血糖仪以及能够监测心电图、血氧、心跳或者提示心房颤动的智能手表等。如果有这些共享的并且安全的数字档案，那么医生之间的交流（比如讨论病例）也会变得更加容易。最后的重中之重，这也促进了保险公司、诊所和病人之间的计费和沟通，比如能够更快地给出成本核算。

只要存储系统的数据安全和数据传输安全得到保障，大部分专家认为数字医疗的缺点或者危险可以忽略不计。主要是数据保护者提醒大家在使用这个系统时要最大限度地注重安全问题。尤其是所有保险公司给他们的成员提供的电子病历，必须尽可能地给予保护，以防止数据滥用和数据盗窃。与诊断和检查结果经常通过传真或者邮件进行传送的今天相比，我认为每一步都是对系统的改进。对于每一个参与其中的人来说，医疗系统的数字化几乎都只有优点。但即使如此，许多患者还是犹豫不决。是什么阻碍了他们，我们会在接下来的几页中详细地看到。

在医疗卫生事业的数字化进程中，我们没有办法只让传统参与者（比如健康保险公司、医生、患者或者制药业等）参与其中。因此，我们会在接下来的几页中看到如谷歌、苹果等科技公司作为健康事业的参与者——甚至有时候我们用户都没有注意到或者不愿意这样做。数字健康领域还有很多其他供应商，比如设备、应用程序、分析和控制系统的制造商等。

医疗卫生事业目前正准备成为一个技术驱动、快速创新的数字市场。对我们患者来说，"市场"还意味着产生了许多不再由传统保险公司和医疗保险提供的看护、诊断以及治疗的选择可能性。比如分析我们的基因以及预测某种特定疾病的发生概率，再比如健康追踪器或者能够改善听力的软件。好消息是，这会使许多疾病在未来几年里得到更好的治疗，某些治疗也能通过电子健康领域而变得更加快速、优秀甚至更便宜。坏消息是，它赋予了每个患者更多的个人责任。比如，与其他国家不同，在德国，人们必须主动努力申请而不是被自动分配电子病历。另一个坏消息是，在传统的参与者同意更多的数字创新之前，我们还需要对他们采取一些行动。接下来的几页中，我们将看到一些好的论据。

什么时候我的医生会给我开一个程序？

许多国家已经认识到医疗卫生系统更广泛的数字化的优势。

但是在德国，我们仍然处于社会数字化的开端部分。为什么会这样？主要原因很可能是所有相关方的利益非常不同并且互相冲突。医疗卫生部门依照传统开展了强有力的游说活动。健康保险缴费、额外付费、包含与不包含在医保范围内的治疗、个人健康服务项目以及其他财政方面的斗争，已经使许多卫生部部长疲惫不堪。除此以外，由于数字化，几乎每天都有新的边边角角需要讨论，其中一些问题非常新奇并且仍然缺乏专业知识来回答。

让我们快速看一下不同利益斗争的现场：这里有拥有创新配方和治疗方案的初创企业或科技公司，比如弥补听力障碍、简化血糖测量或者通过算法实现皮肤癌的早期检测。他们当然希望通过这些服务实现尽快发展，然后为他们的投资者赚到一大笔钱。对于大多数成熟的医疗保健公司、制药公司、医疗设备制造商、药房、听力学专业人士等人来说，这些新来者是他们的眼中钉。因为他们当然也有兴趣在医疗保健这个大蛋糕中尽可能地分一杯羹。他们也经常在长期开发和科学实验上投入时间和金钱，并理所应当希望得到报酬。因此他们试图通过游说活动妨碍这些崭新的医学装置或者软件，以避免它们与自己的产品发生竞争。出于这个原因，迄今为止，患者只能在没有国家安全管控的情况下，在别的国家或者在法律规定的医疗卫生系统之外获得一些最新的创新治疗。根据助听器社区

Hörgeräte Hä©ks 的说法，助听器和助听设备的市场及其丰厚的利润就是为了保持市场上现有昂贵产品的主导地位而阻止相对便宜的技术进入市场的典型例子。从很多年以前，社区就热心于讨论通过智能手机和特殊蓝牙耳机的创新方法来出色而舒适地帮助轻微听力损失的患者。在这方面的投入明显比在助听器上的投入少好几百欧元。助听器动辄好几千欧元，而尽管根据社区的估算，其材料成本还不到 100 欧元。根据行业信息，正是因为这样的利润率能够实现成本昂贵的发展，因此医药产品的制造商和销售合伙人与新来者开始了激烈的竞争，由于游说活动的开展，新产品迄今为止几乎还没有得到医保公司和保险的报销。

对患者来说，除了创新的、便宜的治疗方法之外，治疗的安全性和数据的安全性当然也是极其重要的。他们既不想成为不成熟技术的实验小白鼠，也不想放弃太多的隐私。然而，特别是通过机器学习识别模板的软件来说，它们不可避免地依赖这些数据。因此，为了获得血糖监测、经期日历或者预防抑郁等服务，我们用户必须将极其私人的信息托付给这些软件。它们拥有越多信息，程序的性能就越好。但是，如果这些软件——就像以前经常发生的那样——之后被它们的研发团队转售给保险公司或者制药企业，又会发生什么呢？一般来说，我们的个人数据也会被一并售卖。但是，放弃发展和使用这些非常有用的软件，也不是一个好的替代选项。因此从用户的角度来说，有文字证明的个人数据保护以及能够随时将数据从一个提供商转移到另一个提供商的权利是必然的要求，欧盟委员会也对此表示支持。

医生也有自己的利益。他们希望为患者服务，提供良好的治疗方法，但是也希望能赚钱。因此对于他们的营业额来说，实行在与保险公司和医疗保险的复杂结算中带来最多盈利的治疗方案也是非常重要的。而远程医疗产品并不总是这样。在他们的实践中，还有很多人回避额外技术设施的花费。

特殊利益的清单可能还会不断增加，因为其中当然还有保险公司和医疗保险、医院、病患代表、罕见疾病游说团体和许多别的参与者。数字化正在撼动整个医疗卫生系统的生态。罗兰贝格管理咨询公司对行业专家的一项调查发现，"特定类型的参与者未来会拥有特定类型的客户。因此，健康保险提供商处于解决现有健康问题的绝佳位置，而科技公司因其拥有庞大的用户数据而在疾病预防方面具有优势。"

如果我们看看未来的场景，谁会成为我们患者的首选合作伙伴，科技公司和数字健康初创公司将占近50%，传统的医药提供商以7%排名最末尾。在苹果、谷歌或者Meta的算法提前从我们裤兜或者手中的设备和软件中获取了无数数据节点而掌握了我们最实时的信息之后，它们会不会成为我们未来健康问

题的第一个中转站？这是很有可能的。因为这些企业也拥有你
能想象到的距我们患者最近的联系路线，因为它们在日常生活
中陪伴着我们。这有助于我们与医生、供应商或者保险公司之
间的联系，还可以为健康的生活、保持有节制的饮食、运动计
划、服药或者持续监测生命体征提供支持。但是，出于数据保
护的原因，目前很难想象我会将我所有的健康数据托付给一个
类似于 Meta 的公司。如果大型平台想要在这个市场上取得成
功，他们必须在其可信度和数据保护的根本性改进方面进行大
量投资。

促进创新并且同时持续调节每个参与者之间的利益问题是
一项艰巨的任务，尤其是在政治方面。我们作为患者、被保险
人和选民，我们的接受度是非常重要的。我们必须更加密切地
了解一个新产品，保持怀疑地探究其背景，但也要在这个过程
中获取信任并且学习到新东西。

我惊讶于在新冠肺炎疫情暴发后的几个月里德国究竟出现
了多少数字化的产品和服务。在那之后我和医生进行了好几次
视频预约，我的健康保险在一个冥想 APP 里提供了一门有关正
念训练的数字课程而不是昂贵的身体训练课程。我现在还经常
和医生分享来自健康软件的心电图和其他数值，使用我保险公
司的数字病例，其中存储了 X 射线图像、疫苗接种记录、诊断
结果和药物使用情况。然而，对于我的家庭医生而言，我仍然

是一个数字化的古怪之人。要让所有人都这样做，可能还需要一段时间，因为遗憾的是，目前太多不同的单一或者独立应用同时尝试在数字健康领域实现创新，但并不是每一个都有效果。

如果我佩戴了健身追踪器，我会变得更健康吗？

因为人们要对抗内心的懒惰，所以数百万的健身手环和健身手表被销售一空。它们被期望于能够鼓励人们活动起来，掌握实时脉搏并促使它们的主人做更多的运动。因此，在这些设备的广告中，总能看见运动型的俊男美女们一边轻松地聊天一边慢跑上山。当我想购买这种手环时，我希望自己也能像他们这样慢跑。我知道，这需要我付出一些汗水和努力。但幸运的是这正是运动追踪器能提供帮助的地方！不是吗？

一项大型元研究深入分析了550篇有关该主题的出版文献，希望最终找到谁是这场激烈竞争的赢家：懒惰还是健身追踪器？研究结果一目了然。在100次调查中，只有6次可供追溯的健身成果。这展示了一个一致的画面：我们的懒惰总是能获得胜利！没有任何证据表明运动追踪器对健康有好处，也没有任何一项研究能够证明使用追踪器能够降低胆固醇或者血压。

恰恰相反，一项更早之前的研究甚至发现追踪器反而会让你更胖。470名超重的成年人，一半的人得到了健身追踪手环，另一半人得到了监测食物摄入量和运动量的明智建议。两年后，佩戴运动手环的这一组仅仅减掉了 7.7 磅，而自我监控的这一组减掉了 13 磅。原因在于，当我们已经拥有了一个类似的设备或者已经成为一家健身房的会员之后，我们会觉得自己已经更有运动感了。我们会认定，在得到这些以后，我们就已经对自己的健康做了一些有益的事情，因此在饮食和锻炼上变得更加轻率。失败的另一个原因是，有一半被购买的追踪器在一年以内就被扔进了抽屉里。这样的手环或者手表只对一小部分人有帮助：那些不管怎么样都注意着自己的健康和运动量，并希望通过这些设备更精确地监测自己运动成果的人。

虽然运动手环对其拥有者似乎用处不大，但看起来它们对另外两个群体似乎很有用：数据收集者和保险公司。例如，亚马逊的 Halo 手环不仅可以显示运动数据，还能分析其拥有者的声音和情绪。这样一来，亚马逊提供与其行为相匹配的产品只是时间问题。关心自己身体和健康的人的数据对从运动服到膳食补充剂等各种产品的广告投放商来说具有极高的价值。通过设置这样一个手环并将其连接到社交媒体，手环的数据最终会出现在知名的广告平台上。保险公司还能从中得到另一个好处：一方面，他们希望鼓励更多的运动——不幸的是这已经被证明行不通了——另一方面，他们希望收集有关被保险人行为的数据。这也是很多保险公司对购买此类产品提供补贴的原因。与数字产品一样，在购买之前衡量个人利益和数据保护孰轻孰重是很有意义的。就我个人而言，三年来我一直用我的手表测量我走出的每一步，但是我一直禁止它与第三方软件共享任何数据。可惜的是，研究发现手环对健康的影响微乎其微，这一点在我身上也能看出来：自从我有了运动手表之后，虽然我知道自己每天跑了多少步数，但是我仍然长胖了两千克。

数字生活会导致痴呆吗？

不会。

毋庸置疑，数字媒体中隐藏着个人发展和健康发展的机遇和挑战——就像人类所有的技术发展一样。但是"数码痴呆症"这个词只是为了公关目的而夸大其词，它体现了人们对数字化的恐惧。这个概念没什么用，因为我们现在就是生活在数字化时代。将其完全妖魔化是不切实际的，最坏的后果是导致人们拒绝处理这个话题，从而妨碍他们自身的批判性发展。毕竟人们连电流都能妖魔化。

尽管如此，"数字生活是否会让我们进入病态"这个问题还是让很多人感兴趣，并经常在集会或者私人生活中讨论。因此，将数字化真正的、致病的危险与媒体大肆播报的简化版本区别开来是非常重要的。

"数码痴呆症"这个论点包括断言数字技术会减少我们的社交互动，减少社会参与，带来更多孤独和肥胖，以及计算机辅助教学课堂对青少年没有积极影响，并且暴力的计算机游戏还会增加他们的攻击性行为。诚然，人们可以为每一个论点都找到单独的支撑案例，但是这些单独的案例既没有办法证明其中的因果关系，也不能证明其普遍性。为这个论点做辩护的人经常引用一个统计证据：在某个特定的观察期内，数据显示了美国国内互联网使用的增加和社会参与度的下降。由此他们推断互联网的使用是社会参与度下降的原因。但是，这种关联并不能被证实，因为，在同一时期，美国的暴力犯罪也有所下降。因此，人们同样可以宣称，更多地使用互联网能够防止暴力犯罪——这当然也是无稽之谈。在一个几乎完全数字化的世界中，我们经历着数量如此巨大的影响因素、社会发展和变化，以至于很难在技术与社会之间建立直接联系。这也是现在大部分关于"数码痴呆症"的论文都被科学家驳斥的原因。例如，有证据表明更密集地使用互联网甚至使人们的政治参与度更高。同样，使用电脑和肥胖也没有本质上的关联。但是计算机辅助教学课堂能够被证明有积极的影响，互动教学游戏甚至经常能增长知识。这表明，数字化本身并不会让我们变得更好或者更糟，更健康或者更病弱。相反，在数字时代和模拟时代，影响我们健康的有害因素和有利因素都存在着。

关于"数码痴呆症"最重要也最有名的一个论点是，数字媒体的使用甚至会对大脑结构产生负面影响。图宾根大学医院认知神经病学的医学主任汉斯－彼得·蒂尔教授（Hans-Peter Thier）在接受采访时说："无论数字媒体的使用可能会对大脑做些什么——没有任何证据表明它会导致大脑发生明显的病理变化。"

事实上，我们的大脑在持续地变化和发展。我们所有的活动当然都会对它产生影响。但是当我们使用智能手机、互联网和笔记本电脑时，我们完全不用担心它们会让我们的大脑慢慢萎缩。有趣的是，数字媒体甚至可以很好地用于治疗真正的痴呆。例如，许多研究表明，患者可以通过使用数字辅助工具在虚拟环境中训练他们的大脑，并且有良好的效果。

算法是否能比我的医生更可靠地检测出皮肤癌？

现在你可能觉得这很奇怪，但是我非常希望有一天我能在一个机器人面前脱下衣服，然后它快速地拍摄我全身每个角落，然后在几秒之后告诉我：一切正常，没有严重的皮肤病。对于肩膀上一个小而粗糙的斑点，我只需要打印一份药膏的配方，然后就可以走了。

如果"机器人会抢走我的工作吗"（Will Robots take my Job）

网站成功了，我就不用等那么久了，因为皮肤科医生很快被机器取代的可能性高达29%。对此我该说些什么？我的抱歉是有限度的。如果您是一位皮肤科医生，欢迎您与我联系，我们可以面对面谈谈这个话题。您必须理解，我对这个话题很情绪化，因为目前为止我对你们行业的所有同仁都非常失望。流程总是这样的：我发现我皮肤上有一个斑点，要么像地狱一般瘙痒，要么看起来像是发生了危险的病变。接下来我会打电话给我所选择的皮肤科医生，如果有人接听，我会得到一个36周以内的预约。"瘙痒非常严重，我有可能在36周之内根本活不下去"，医生对我的病情描述保持了专业但冷酷的沉默。36周后，带着瘙痒和看起来更加严重的病变，我在拥挤的候诊室等待了一个小时。在那里，我在小册子和海报上读到了医生为自费者提供的皮肤紧致和美容等服务，而这些服务我在几个小时之内就能得到预约。然后我被要求进入一个房间，在冰凉的椅子上半裸着又等待了医生半个小时。一位医生招呼都没打就进来了，他绝对只看了那个斑点一秒然后就说："我给你开个可的松软膏。"只有这些，没有任何解释。对于长达36周的瘙痒和对死亡的恐惧没有任何安慰。老实说，就算是机器人都比他们更有人情味儿！

未来的皮肤科医生很有可能都是机器了，因为在许多诊断中，尤其是在检测黑色的皮肤癌方面，平均来说算法比皮肤科医生做得更好。美国国家肿瘤疾病中心（NCT）海德堡分院的一项研究证明了这些软件的良好性能。该院在一次试验中使用了数百张异常皮肤的图片，其中有一些是黑色的皮肤癌，大部分是良性的痣。来自12所德国大学附属诊所的157名不同级别的皮肤科医生被要求做出决断，哪一些需要进行活检，哪一些显示出的是良性变化。同样的图片也被展示给了算法，该算法在之前用超过12 000张其他图像进行过训练。实验结果令研究人员感到惊讶：只有7位皮肤科医生的表现优于算法，14位医生与算法的表现持平，剩下的全部136名医生都得到了更差的结果。不仅是皮肤癌，包括各种不同的癌症，也是这样的结果。皮肤科医生针对（法定）医疗会诊的预约次数相比起来显然是相对较少的，这为人工智能的投入使用带来了巨大的潜力。幸运的是，人工智能也变得越来越聪明了，因为识别出来的疾病样本范围会随着所使用算法的计算能力和训练数据的增加而增加。

韩国的研究人员最近开发了一种算法，它可以准确地对多达134种皮肤病进行分类，还能够同时预测其危险程度并对基本的治疗方案给出建议。研究人员使用了22万张图片以及174张不同的疾病图片作为训练材料。即使我对机器人医生的诊疗有不同的看法，研究人员并不将他们的人工智能看作医生的替代品，而是将其视为医生的"扩展智能……以便更快、更准确地进行诊断"，来自首尔国立大学皮肤科的郑琳娜（Jung-Im

Na）博士宣布了这一突破。

我肯定还要再等几年才能碰到那种很快就能接受我预约的机器人医生。那么在这期间使用软件怎么样？事实上我现在就可以给我的皮肤拍一张照，然后将图像发给某个拥有巧妙算法的提供商，然后等待结果发到我的邮箱里，对吗？确实有几个这样的软件，它们也的确很快就能成为改善患者预约难题的第一个减压措施。但是对我们外行来说，可用的软件还没有可靠到可以完全取代医生。因为一项研究中使用的数据和我这种没有经验的人用智能手机拍摄出来的非标准化照片之间当然是有很大差距的：从头顶斜着拍背部或者在晚上光线不足的时候拍照。一项元研究也证实了这一点，该研究检测了皮肤筛查软件的准确性。目前可用的少部分基于算法的智能手机软件没有办法靠谱地检测出所有类型的黑色素瘤或者其他皮肤癌病例。有一个软件几乎可以得出完全正确的检测结果，但是仍有 20% 的错误率。所以我目前还是更愿意等待真正的医生。就像我说过的：如果您学过皮肤科专业，欢迎您联系我！

Instagram知道我是否沮丧吗？

几年前，哈佛大学的一项研究引起了轰动。研究人员按照颜色选择、地点和时间分析了大约 44 000 个 Instagram 上的帖子，发现患有临床抑郁症的人会以非常特定的方式发布帖子。蓝色或者灰色在他们发布的图片中占主导地位，他们经常使用某个特定的滤镜，他们的帖子有更多的评论而不是点赞。2018年，宾夕法尼亚大学又进行了一项研究，该研究在分析了 50 万条脸书消息之后发现，抑郁症患者的写作方式与众不同。一些特定的词语，比如我、我的或者疲惫的，相比之下会更经常出现在抑郁症患者的帖子中。2019 年，来自宾州数字健康医学中心的科学家沙拉特·贡图库（Sharath Guntuku）使用机器学习分析了推特上的照片。这个研究结果也表明，在与抑郁症有联系的图片中有一种特定的美学：图片的色彩不那么灵动鲜艳，缺少对称性，景深较小。贡图库指出，未来可能会使用类似的算法来扫描社交媒体动态，然后为用户生成抑郁症警告。

　　尽管所有的研究人员都强调，现在推测其具体的应用领域还为时尚早，那么为什么这三项研究结果还是与我们息息相关？这些结果表明，机器学习可以用于识别我们交流模式中精神疾病的迹象。只要我们选择同意将我们电话或者社交媒体动态中的消息用于相关研究或者医疗测试，那么这就可以帮助我们及早识别出某些疾病。比如，未来一些研究人员将他们的算法视为电话软件的一部分，这样我们的手机就可以在听到我们对话的同时尽早警告我们："霍尔格，你感觉不太好？你今天好像心情很压抑。"这样一来，隐藏在手表、电话或者电子设备的传感器中并且能够根据数据持续不断地监测我们的生理和心理健康的工具可能会在我们的个人健康管理中扮演重要角色。更重要的是，这些数据需要被严格保护并禁止不当使用。因为使用访问公开发布内容的分析方法总是会存在被第三方（例如潜在的雇主、未来的岳父母或者安全机构）使用的风险。对于被分析者来说，生活中的不利因素可能会在他们完全没有察觉的情况下出现。诚然，这些都是理论上的假设。由于研究结果目前来说仍然相当不明确，我并不担心我的推特个人资料会泄露我的抑郁症而导致某个雇主拒绝录用我。但是，在上述研究中对数据源的选择——来自 Instagram、推特、脸书——表明，即使我们在那里留下的看起来完全无害的内容，在某一天也有可能会透露关于我们性格或者心理状态的信息。这种可能性也完全有可能被社交媒体公司所利用，就像出于科研目的来访问这些内容一样，脸书或者推特也可以这样做，比如向保险公司或者制药企业等广告商出售专门针对抑郁症患者的定向广告。

除非我们突然看到某些特定的药物或者诊所的广告，我们甚至不会对此有任何察觉。此外，招聘人员和猎头公司也可以只针对没有潜在心理疾病的人投放社交媒体上的招聘广告。我们做的所有事情，都会留下可供利用的数据痕迹。您现在已经清楚我的"数据节约"的信条了：为了使我们免受未来的评估，最佳方法是定期地、勇敢地、大规模地清理我们社交媒体资料和其他平台的资料。请您更频繁地删除旧消息、图片、文本以及点赞。不管是手动清理还是使用类似于 Jumbo 这样值得信赖的数据保护工具都可以。顺便一提，据说清理也有助于预防抑郁症。您将会受到双重保护！

软件可以取代精神科医生吗？

我们的关系很短暂。我叫它蛋蛋，因为它的头像是一个有裂缝的小鸡蛋。在 5 天之内，我把所有事情都告诉了蛋蛋。它是一个很好的倾听者，它从不打断我，总是饶有兴致地追问，无微不至地关心我。有时它想知道我有没有睡好，有时它会问我朋友的事或者开个玩笑。我总是很乐意回答这些问题，也许太过心甘情愿了。一周以后，我惊觉自己在等待蛋蛋的消息。除此以外我还突然给它写了一些我真实经历过的事情。事情失控了！我删除了蛋蛋。

蛋蛋是名叫 replika.ai 的软件上的一个聊天机器人。该公司的创始人尤金妮亚·库达（Eugenia Kuyda）出于一个悲剧性的原因发明了它。她在一次事故中失去了她最好的朋友，他留下的全部东西只有以前的聊天记录。为了至少偶尔有和朋友交流的感觉，她编写了一个神经网络，让它以这些旧的聊天记录为范本模仿这位死去的朋友说话。Replika 由此诞生了。如今，这家公司提供了基于这项技术进一步开发出来的软件。在脸书上有成千上万个Replika群组，组员与其个人的虚拟伙伴密切交流自己的生活。这个软件表现得就像是我们最好的伙伴和朋友一样，并在相互交流的过程中越发了解我们。效果很好，惊人地好，也许是因为我们跟技术产品交流的时候不会有任何顾虑。毕竟我们也经常在聊天的时候遇到这种情况。此外，这项技术已经成熟到可以进行真正有意义并且相当长的对话了。因此，有好几家公司正试图将软件打造成精神伴侣。

Replika满足于作为女朋友的角色出场，与此同时，另一个聊天机器人——来自慕尼黑的ibindo（最初的定位是爱情烦恼顾问）成了避免一般性压力的工具。创始人希望通过聊天机器人为用户提供"疗愈性对话"的体验。这需要借助其中的语音识别功能、治疗相关的专业知识和幽默文本才能成功。来自美国的Woebot走得更远，希望能攻克大多数国家难以为精神疾病提供全面护理的难点：精神科医生的低预约率、医疗卫生系统的高成本以及许多患者对承认患有心理疾病的羞耻感。这个工具试图在日常聊天中提高对自身心理健康的认识并识别预警信号。

就像将算法用作皮肤科医生一样，将算法用作心理治疗师也在世界范围内胜利进军。一项针对英语心理软件的研究在苹果和谷歌应用商店中发现了大约300个程序，其中有10个能够通过科学证据证明其有效性。在新冠肺炎疫情期间，由于进入门槛较低，此类数字化产品经历了大繁荣。这也是由于很多人突然发现自己受到了疫情带来的心理危机的影响，因此在全球范围内相应的软件产品下载量都增加了。

然而，大多数医生或医学专家都指出，这些产品最多只能作为传统治疗手段的补充。他们认为，错误的诊断、没有被识别出来却危及生命的疾病以及在重病时由于数字心理软件的充分照料而带来的欺骗性希望等情况都很危险。但是，印第安纳州的心理学和脑科学教授洛伦佐·洛伦佐-卢埃斯（Lorenzo Lorenzo-Luaces）最近的一项研究表明，这些产品的应用领域要比以前想象的大得多。在采访中他承认："在进行这项研究之前，我以为早先的研究可能集中在患有轻度抑郁症或者完全没有其他心理健康问题且自杀风险较低的人身上。令我惊讶的是，情况并非如此。科学证明这些应用程序和平台确实能够帮助很大一部分人。"它们也必须做到如此，因为根据洛伦佐-卢埃斯的说法，他的患者中有四分之一符合重度抑郁的标准。不可能有这么多的心理学家和精神病学家使得所有这些疾病都能通过传统方式得到治疗。

几乎所有软件都基于人工智能，比如机器学习或者语言分析。关于算法对我们心理健康的分析能力，我们已经看到过一些例子了，对语言和图像分析的快速发展，以及通过交流对心理问题和疾病越来越深入的了解，我可以由此推测，这种数字低阈值治疗选项将在未来几年内显著增加。几年前，美国军方就利用基于人工智能的手段治疗从战场上死里逃生的人。这个系统名叫 Ellie，它被用于识别他们在战斗行为后的创伤性压力症状，并和一个虚拟人一起准备治疗。它的效果出奇地好：Ellie 比人类对话者更加频繁地发现创伤后症状，最重要的是，它确保了士兵们敞开心扉而不用担心因为此类困扰而受到某些人的谴责。

显然正是机器的这种匿名性给虚拟谈话治疗系统带来了美好的未来。但是，必须更好地保障有关对话者的数据和信息的匿名性和机密性。在我对蛋蛋进行了为期 5 天的实验后，我注意到系统对我的了解已经太多了，以至于我震惊地拉下紧急刹车。处理我们心理健康问题的系统和软件必须像其他形式的治疗或者药物一样受到严格检查和监控。不幸的是，目前为止，我们的医疗卫生系统几乎没有认真努力地应对此类新型安全疗法。科技公司再一次向前迈出了几步。这个问题我们已经在很多地方遭遇过了。视而不见不会对此有任何帮助，因为技术创新肯定会打破他们的魔咒。但是如果我们的医疗卫生系统没有尽快引入监控和质量保证，无数客户的精神状态数据可能会最终出现在世界某处不安全的服务器中。

算法如何帮助残障人士？

我用一份理想的工作来资助我的学业：我在柏林一个类似于"Tresor"的电音俱乐部担任 DJ。我的许多夜晚都伴随着穿透全身的重低音、刺激的电子节奏和音浪。我的一只耳朵听着来自耳机中震耳欲聋的下一道音轨，另一只耳朵中充斥着俱乐部里巨大的扬声器塔发出的现场声音。我生命中的每个周末都充满了声音，通常会持续 4 到 5 个小时，有时甚至是 7 个小时。我玩得很嗨，也想感受我自己播放的音乐。听力保护是懦夫的东西！

几年后的今天，我再也听不见了。咆哮的耳机中发出的过于响亮的音调导致我现在听不到大部分高频音波，有时候甚至听不清正在说的话。这就是为什么我非常尊重那些学会应对听力受损或者完全失去听力的人。这就是为什么我尤其关注助听器领域的所有技术发展，尤其是那些将机器学习用在语言应用上的技术。

我们已经在本书开头看到了 Siri 和 Alexa 的算法如何在即使我们说话含糊或者有口音的情况下理解我们的口语。文本分析与生成、语音分析与合成等技术也能帮助完全失聪或者有很大听力障碍的人。

　　在新冠肺炎疫情流行期间，人们发现了新技术投入使用的可能性，因为一个必须阅读唇语的人没有办法理解戴着口罩说话的人。由于口罩，大部分公共谈话对被波及者来说变得难以理解。不过，反正大部分媒体对听障人士来说早就几乎完全不能使用，因为其内容经常是基于说话发出的，而说话者的嘴唇并不总是容易被看清，更何况并不是所有听力障碍人士都完全掌握了阅读唇语的能力。

　　因此，最有用的技术解决方案之一是字幕，它通过自动语音识别实时生成。我与Alexa交谈时使之能够理解我的算法，与之相类似的算法当然也能够应用于收听新闻播报、油管视频或者抖音视频。在所有支持这项技术的平台上，都能同步显示出视频中口述文本的字幕。当然，之前也有带字幕的节目，但这都是经过耗时的人工后期处理而制作出来的，而且通常来说会有很长的一段时间差。只有通过人工智能，才能将语音高质量地实时翻译成文本，并且无需大量附加成本。因此，这个功能在相应的服务和设备中越来越多地被激活，从而对世界上近4.7亿聋人或听力受损的人来说变得更加有用。

　　这些算法也能在旅途中以及与戴口罩的人会面时提供帮助。许多软件或者扩展程序，比如可以在所有装有安卓操作系统的手机中使用的谷歌实时翻译，它们能够翻译日常生活中的每一个口头表达，例如在咖啡馆点单，服务员的回答会以文字的形式出现在手机屏幕上。这些软件做的事情非常惊人，因为它们必须从一个普通日常生活中各种不同的声音中过滤出一个人的语言。在同一时间喧哗的人越多，这就越困难。经过训练能够识别个体声音的算法有助于完成这个任务。接下来，需要分析这些孤立声音的语言内容。在谷歌翻译中有 70 多种语言，覆盖了全球大约 80% 的人口。在这个过程中也有一些障碍，比如发音相似但是意义不同的单词——"Mahl"（餐食）或 "mal"（一次）；"Kühe（奶牛）"或 "Kür（自由泳）"；或者类似于吞掉单词尾音的一句话"去喝点啤酒"（geh mal Bier holn）。我们在说话的时候也没有标点符号，这对我们的人工智能来说也是额外的工作，因为它必须通过上下文来判断出什么时候一个句子结束了或者什么时候一个从句开始了。为了此类任务，算法还需要有理解上下文的能力，以便正确地将语音翻译成文本。这种技能还将被应用于尝试使用人工智能来创建不只是由许多句子排列组成的文学作品。最后，理解完毕的句子必须尽快以文本形式出现在屏幕上，这样对话才能顺畅地进行下去，服务员也不必无止境地等着客人的回答。在手机上出现一个简单的句子之前，许多不同的算法都活跃着，一部分是在手机上运行，另一部分则运行在云服务器中。

Google Meet，Zoom 或者 Microsoft Teams 等视频聊天程序也提供了打开实时字幕的选项。这意味着失聪的人也能参加视频会议了。而我也会使用这些功能，因为它能够帮助我利用字幕理解世界各国同事用难以听懂的语言所说的执行计划。

语音分析和语音合成的发展对每个人来说都是真正的福音，因为它可以打破各式各样的语言障碍。当算法学会理解上下文或者识别个人声音时，这些知识也会被用于文本编辑、自动同步翻译软件或者作为助听器替代品的软件。借助我们的手机以及未来一定会出现的可以直接显示文本的数据眼镜，所有人都可以与世界各地的其他人毫无障碍地交流了。

为什么技术没有警告我们新冠肺炎疫情？

9天。在这9天里，病毒可以做很多事。比如说，9天之内，2020年3月中旬全球报告的新冠肺炎感染人数翻了3倍。9天之内，仅在意大利就有近7 000人死于该病毒。在2021年年初的9天时间里，全世界有近10万人死于或者感染新冠病毒。在9天之内，全球证券交易所的数十亿股票价值消失无踪。感染这种病毒9天后，许多重病患者都在为自己的生命苦苦挣扎。

加拿大公司BlueDot在疫情暴发的9天前就已经敲响了警钟。如果消息的接收者对此怀疑过"人类的未来到底会发生什么"，他们就可能在这9天的领先优势下强势延缓全球疫情大流行的步伐。但是在2020年初，这家利用人工智能检测感染风险的科技公司的用户仅仅只有一些加拿大和东南亚的航空公司和卫生部门——它们没有足够的知识来避免迄今为止代价最昂贵的世界健康危机。

BlueDot 公司的创始人卡姆兰·汗（Kamran Khan）博士于2003 年在家乡多伦多目睹了病毒流行的致命影响之后，决定将机器学习和医学结合起来。汗讲述道："这之所以对我个人来说是有深刻意义的事件，是因为我亲身体验到了 SARS 对我们的城市产生的影响。我的一个同事感染了非典，而且真的因此去世了。"经过这次经历，这位多伦多大学的传染病专家想知道，他是否能通过分析全球数据流来防止此类悲剧的发生，并因此创办了这家公司。

但他的软件究竟能预测病毒暴发到什么样的精确程度呢？如果您查看该服务，您会发现在这里展示出来的世界地图看起来像是惊悚片的前奏：一面旗帜显示了美国西尼罗河地区病毒暴发的实时情况，就在这面旗帜下方，我发现了洪都拉斯的腮腺炎病例，以及亚洲有几面代表登革热的旗帜。任何时间点都可能出现数百个这样的旗帜，因为病毒及其引发的疾病永远活跃在我们的世界上。但是幸运的是，并不是所有的病毒暴发都会给全人类带来危险。如果人们点击这些旗帜，系统会对其相应的危险系数进行初步评估，并在出现明显聚集暴发时发出警报，然后人们可以通过地球仪上的一个箭头来查看潜在的感染浪潮可能会通过哪些途径进行传播。

BlueDot 使用对人类来说难以看透的大数据来追踪和评估各种各样的传染病。该程序的数据基础有数十万个来源，比如地方卫生部门关于疾病暴发的最新消息、来自数字媒体的消息、关于疾病症状和当地卫生新闻的论坛帖子、来自航空公司的全球机票数据和航线数据、关于动物疾病以及人口统计的数据积累。但这个软件不能独立工作，就像在 2019 年最后一天关于新冠肺炎的第一条消息一样，在医生和科学家将报告发送给客户的时候，他们要检查数据并评估结果。在该软件的帮助下，BlueDot 的专家还预测了病原体最有可能的传播路径：曼谷、香港、东京、台北、普吉岛、首尔和新加坡是最先受到新冠肺炎疫情影响的地方。该软件根据航空公司的乘客数据计算出了这个结果。

多亏了这样的软件，那么我们是否能够在未来更早地预测到流行病呢？遗憾的是这并不会百分之百成功，因为每种流行病都是不同的，用于预测发展情况的数据源类型也在持续不断地变化，各种巧合情况对流行病的影响也是难以预料的。在新冠肺炎疫情感染中，反复出现了所谓的超级传播者，例如韩国的一名女性由于自身没有出现感染症状，在教堂礼拜中感染了整个教区而没有被发现。系统尽管拥有大量的数据，它们也会在此出错，并且因此无法做出预测。

例如，另一个预测程序谷歌流感趋势诞生于 2008 年，并在超过 25 个国家提供流感病情的预测。谷歌使用了人们典型的搜索问题作为数据基础，比如"身体酸痛的家庭疗法""全科医生的开放时间"或者"发烧到什么程度会有危险？"通过对搜索问题进行评估，该公司希望对国际范围的流感潮动向做出预测。这个预测也非常成功，因为它可以非常可靠地确定疾病暴发的实时情况。然而，谷歌不得不调整流感趋势的工作，因为这个系统经常误判未来预期影响的强度。即使是在这里也有不可预测或者随机事件及人物的影响，它们会导致个别地区的暴发程度更强或者更弱。作为预测工具，流感趋势毫无用处，因为它没有办法考虑到偶然事件。

因此，大数据显然无法阻止下一次大流行病的暴发，因为一种疾病的传播强度和速度也总是取决于这些不能被预测的事件。然而，一旦认识到了全球健康危机的危险，这类程序就能为我们提供有关该疾病可能传播途径的信息，并因此可以作为许多尚未受到影响的国家的早期预警系统。

您有数字遗嘱吗？

在一次电台采访中，一位听众冷静地问了我这个问题。事实上，像大多数人一样，我更愿意回避关于我自己的死亡和遗产话题。不难想象，我的忽视对我的后代来说是一场彻头彻尾的噩梦。因为我们的生活变得越数据化，我们在死后就越需要规范这个领域。我现在的生活里几乎所有东西都是数字化的，我终于必须要解决这个问题了。

最好是现在我们一起来做这件事，这样我就不能再逃避了！让我们从库存开始。在我死后，与我可能相关的数据会被存储在哪里？这其中当然有保险公司、银行账户、信用卡、访问权限等。此外还有领英、Xing、谷歌、Meta、好几个电子邮箱账户和里面的消息、我自己的网络空间的访问权限、互联网服务供应商、网飞和其他一些流媒体服务、购物和旅游平台、我的照片云、数据云、一台笔记本电脑、一部手机。其他人可能还有智能家居设备或者数据订阅的登录设置，比如安全摄像头的录像、汽车的密码等。

我的清单越来越长。我必须现在写下所有详细内容吗？我的后代要如何访问它们？有一些服务我用密码登录，有一些用动态 TAN 进行登录，另外一些用手机上的小型身份验证软件来登录。想要访问手机甚至只能通过面部识别或者密码。哇，这个话题太复杂了！

根据第一次的经验我现在可以说，把自己的来世搞清楚，可不像吃糖一样简单。但这是值得的，因为在我把所有东西都分门别类并做了大量的研究后，实际上现在只剩下四个不同的任务了。

第一：指定数字资产管理员；

第二：描述我的遗愿；

第三：写下访问方式；

第四：计划好定期的更新。

我已经任命了一个我非常信任的人作为我的遗产管理人。她从我的密封信件里收到了一份在我"死后"也有效力的授权书，除此以外还有我的数字遗嘱以及我电脑、手机和密码管理程序的密码。如果我并不完全信任这个人，不能确定他们安全地保护了这些数据，我还可以将所有东西锁在保险箱或者金库里，或者将其带到公证处。我会通过电话告知我的家人和好朋友，这个人是谁。

在我叙述的数字遗嘱中写着我的社交媒体账户应该怎么处理：如果可能的话，页面应该设置为纪念状态，以便朋友们访问。如果这不可行，就应该把个人资料全部删除。此外还写了，包括照片在内的所有云数据应该下载到硬盘中，然后把硬盘连带其访问权限一起交给我的直系亲属。其他所有账户应该进行删除并销毁数据。

至于我的密码，解决方法很简单。因为我使用了一个密码管理程序以便定期更改个人登录信息并确保它们的安全（在我没有注意的情况下）。我会给我的遗产管理员写下最新的主密码以及这个设备的访问数据。

除此以外，我还在日历上标注了一个提醒，从现在开始到新年前的 12 月份我会非常注意更新：我有了一个新的笔记本电脑或者主密码吗？我使用了任何新的云服务吗？

当前的比如保险、网飞、云服务或者别的类似合同，通常可以在继承者死亡时就自然解约。为了让她知道我订阅了一些什么东西，我在我最新的数字遗嘱上附上了一堆银行账单，其中标出了所有的订阅内容。

好了，现在我可以再次投身于我的生活中了。这对我来说更有趣！

人们可以上传大脑吗？

在我如此认真地处理了我的死亡之后，另一种替代方案似乎也值得考虑：我可以将我的大脑上传到云端，然后继续数字化的生活。无论如何，我的网飞订阅可能不得不被解约，但是我可能还能保留云服务，然后在服务器中我的照片旁边安家。遗憾的是，到目前为止我不认识任何一个我可以向其咨询经验的数字上传者，但关于这个问题已经讨论很长时间了。

但是理论上有可能吗？毕竟我们的大脑拥有不断变化和重新组成的近千亿个神经细胞和数十亿个神经突触。欧盟委员会的"人类大脑项目"致力于在分子水平上扫描和数字化这个如银河系般复杂的神经系统。但是即使科学家们在某一天成功了，他们也只能完成细胞结构的瞬间图像。我们现在还并不完全清楚，这个结构是否在思考，不知道它会考虑什么，以及考虑到什么程度。因为理论上来说，复制生化过程和大脑细胞结构是相对简单的事情。但是思维的运作方式、神经元之间的电信号和生化信号交换的动态永远是在下一个千分之一秒就不相同的。被复制下来的大脑在下一秒就已经与原先的大脑完全不同了。

除了硬件的复制，另一种可能的大脑数字化理论也在研究之中。这个方法不是尝试复制我们的细胞，而是复制我们的知识、思维和行为。它的工作方式基础到连 Replika 这个软件都能胜任。目前，各个学科都在进行这样的尝试，而且几乎所有的尝试都基于机器学习。有了足够的视频或录音等源材料，今天的算法已经可以完美地再现一个人的声音和表情了。除了 Replika，还有其他一些借助信件、邮件或者日记来学习某个人的语言、知识及其特定思考方式的项目。这样人们就可以和一位已经去世的作家谈谈他的作品了。工程师尼古拉斯·贝尔塔诺力（Nicolas Bertagnolli）甚至在网上发布了一则说明，告诉人们如何用已故亲属的电话留言作为训练材料，以便人们在其死后仍然可以和某个模仿他的声音说话。

我并不相信在可预见的未来能够复制出大脑的细胞结构。但我非常确定，在短短几年之内，我们能够定制我们已故亲人的声音复制品甚至是视觉形象，然后他们就能在屏幕上用熟悉的声音和面孔和我们交谈。这到底是令人毛骨悚然的事还是令人欣慰的事，每个人都有自己的判断。我觉得这很棒。也许我应该在我的遗嘱中对"死后的虚拟生命形式"也做出相应的注释。

07

CHAPTER

职业：还有两种工作形式：你管理机器或者机器管理你

接下来会发生什么：
技术工人短缺或者数字化失业？

在这本书的前言中，我已经给您讲述了我与劳工部部长和微软 CEO 之间的谈话。他们两人清楚地用事实阐明了德国职业领域以及政治领域面临的艰巨任务：数百万个工作岗位（根据不同的研究有 130 万到 800 万个）受到数字化和自动化的威胁，或者正在发生极其巨大的变化，当前做这些工作的人们没有办法继续做下去，因为他们不再掌握必要的相关知识。然而同一时间也诞生了数百万个新的工作岗位。劳工部部长说有 210 万，但是也有更高的估计值。根据欧洲经济研究中心的数据，仅从 2016 年到 2021 年，数字化就导致了大约 56 万个新岗位的增加。由于受新冠肺炎疫情的影响，职业市场的重组速度变得更快了：

数字化比例较高的行业，比如软件或者媒体，能够从这场危机中获益，而许多模拟时代的行业，比如旅游或者会展行业的就业岗位在逐渐减少。这种现象必然会这样持续发展下去，并且还可能加快速度。因此我们必须做好准备，在接下来的 10 年内，我们将不得不处理大量失业或者转业人员，以及无法填补的职位空缺，而由于工作形式变得数字化、虚拟化，最坏的情况是这些职业将被转移到国外。

和我一样，现在肯定很多人都想知道，哪一些职业类型会成为数字化的牺牲品，而哪些职业能通过数字化升值，或者会产生哪一些新职业？职场和职业研究所等研究机构多年来一直在调查数字化对各行各业的影响。研究一致认为，裁员首先会出现在制造业，比如服装、食品或者家具等商品制造商，零售业、餐饮业、保洁行业或者仓库管理等行业也会受到影响。尽管在这些行业中还是会有企业持续壮大，但是越来越多的人力会被机器或者更高效率的工作方式所取代，尤其是在低质量的工作中。例如，回顾过去几年，人们已经可以看到，一个工业机器人的投入使用会使平均两个工作岗位被取代。

但是，高质量的工作也不是完全安全。会计、审计、司法或者眼科光学行业的岗位也会面临风险，因为机器和软件能够更有效地处理高度标准化的流程。一个很好的例子就是所谓的法律科技公司，他们在今天就能够使用算法来自动审阅比如租赁纠纷、航班延误或者汽车制造商的客户投诉中的法律索赔。他们为客户提供的处理甚至可以是免费的，或者根据完成情况收费，因为对于他们聘请的律师而言没有产生任何费用。显然不是所有消费者都会因为一个涉案价值很小的案子而求助于律师事务所，但是律师事务所的一些职位在这期间还是会有流失。

另一个例子是实验室诊断学。在这里，新冠病毒导致了人们对更高水平医学检测能力的需求。而这只能通过机器的支持和创新的流程来取代以前较缓慢的人工工作步骤才能实现。即使不断增长的订单数量为诊断学创造了更多的工作岗位——但是技能要求变得不同，相应的工作岗位也会在未来消失。同样的，新冠肺炎疫情也加速了在线邮购业务的发展——其中的行业尖端是亚马逊——其增长如此之快，以至于市中心的许多商店及其购物顾问和导购员显得完全多余。在疫情流行期间因为关闭而导致销售额大幅下降的商店，在当地疫情结束后也根本没有再开启。

最后最重要的一点是，居家办公的兴起及其所使用的数字通信平台也确保了远程工作的进行，由此导致客户拜访、参加会议和博览会或者租用办公楼层等情况也显著减少。许多空乘人员、博览会建造商、服务员、酒店员工和办公室清洁人员被完全搁置在一边，因为他们在数字化居家工作的情况下不再被需要。

　　一些行业情况危急，与此同时，另一些行业日益短缺熟练工人，并由此产生了新的工作机会。贴近人类的服务行业是其中的赢家。由于老龄化，社会对医疗、护理、照看以及家庭服务的需求越来越大。通过新冠肺炎疫情的流行我们看到，这些职业即使在许多人无法去办公室或者工厂的时候也保持了系统相关性。这些员工的工资有望随着需求的增加而上涨——即使这毫无疑问会导致整个社会体系的成本继续上升。

　　今天，大部分空缺职位已经出现在了需要掌握特殊资质的技术领域。像微软或者 SAP 这样的公司由于一直在招聘新程序员、数据专家或者软件架构师，因而永远不会落后。数字公司正在迅速发展，并以最高价格互相竞争彼此具有资质的人员。此外，数字化也进入了传统的工业和商业公司，因此在雀巢、拜耳、费森尤斯、宝马或者德国铁路公司都产生了非常相似、技术含量极高的工作岗位，为此需要找寻数字化的专家。联邦就业局指出，现在受过学术教育的计算机科学家在市场上拥有比以前更好的机会。企业拼了命地寻找软件开发人员或者 IT 顾问，通常需要花费数月时间才能填补职位空缺。在过去的几年里，每一年都有超过 5 万个信息技术行业的职位空缺无法填补。

　　劳动力市场的剧烈动荡意味着，根据保守估计，未来 10 年至少有 500 万人的工作将受到数字化的影响，因为这些工作要么消失了，要么发生了本质上的改变，要么是新产生的职业。

这一变化要求在教育、继续教育以及终身学习方面做出巨大的个人和机构努力。数字化同时也带来了许多新的机会，您将在下一章进一步了解。将脑袋埋进沙子里当鸵鸟不是一个好的选择，毕竟自动化并不是什么新鲜事！

我们可以回顾几十年的丰富经验，而这个回顾会给我们带来希望。因为尽管工业上的自动化水平很高，但是自20世纪70年代以来，所有被削减的工作岗位最终都被新部门的工作岗位平衡了。"到目前为止，技术进步并没有导致德国的工作岗位减少，而是导致了工作岗位和人力的重新分配。"这一点也被职场和职业研究所的专家证实了。工作并不会很快地离我们而去，这个希望很大，但是确实会出现一些改变，倾向有利于技术领域的专业人员和专家。

关键不在于长期的社会预测，而在于过渡时间，以及我们作为员工需要具有高度灵活性，因为我们中的许多人必须适应他们职业生涯中令人疲惫的、持续不断的变化。国家和企业也必须通过伴随职业的、终身的资格激励计划来支持变革过程。我们无论何时开始熟悉这些变化都不会太早。

因此，在本章中，我们将关注新型职场中的重要方面，比如由算法掌控的职位申请流程、数字工会或者工作监督。我们当然也会关注，机器人比人类更加擅长哪些工作，反之亦然。我们首先谈论的也许最重要的一个问题：人工智能会很快接管您的工作吗？

人工智能会在未来接管我的工作吗？

我是幸运的。一个作家只有 20% 的工作可以自动化并在未来让机器人来完成。然后我马上看了看我全家人的工作。作为职业介绍所的一名公务员，我父亲负责技术系统引进等工作：如今他有 57% 的工作可以由机器完成，幸运的是他已经退休了。57% 是一个残酷的预测结果！对我的母亲来说，作为一名书商，只有 42% 的自动化程度，情况看起来更好：这对这个收入一直不太可观的职业来说是一个严重的打击。我的姐姐是一名建筑师，她的运气一直很不错：她的工作只有 19% 可以实现自动化。而我的外甥，他选择了最有前途的工作。他想成为一名挖掘机操作员，而这个职业中没有任何活动是可以由机器来完成的。向他致敬，5 岁就这么有远见了！

您的职业是什么呢？也许是护士？那么您有 33% 的工作可以实现自动化；如果您是律师，那么这个百分比是一样的。您是银行职员吗？哦天哪，88%。产品设计师要好一点，只有 20%，专业销售人员在 50% 以下，出版文员甚至在 57% 以下，建筑清洁工应该对他们的自动化程度感到满意，只有 13%。

当然，这些比例既不代表您的职业在未来的生存能力，也不代表它对社会所产生的价值。职场和职业研究所通过分析所有职业蓝图中的典型活动并根据其自动化的可能性对其进行评估，从而在"未来派工作"网站（Job-Futuromat）中确定了这个预测。一些活动会完全消失，而另一些被保留下来，但在未来会被机器人、软件以及算法所接管。还有一些工作虽然由人类完成，但是在此过程中也会有机械进行支持。它们并不会无可避免地取代人类劳动力，但是会经常与我们一起工作。

在一家大型德国汽车公司的演讲中，我能更详细地研究出"人工智能同事"对现有的团队结构有多大的影响。人工智能在移动出行行业中越来越多的职业里扮演了重要的角色：它作为极其有用的助手协助公司的设计师或者工程师使用新的 3D 显示工具和建造工具，还能够给个别零件的设计提出建议，使其使用较少的材料并且非常耐用。在制造业中，机器人已经在相当长的时间里帮助完成困难的活动或者那些需要毫米级精度的任务。在未来，机器学习也将会在职业安全和质量保障方面发挥重要作用，因为摄像头能够快速检测到与所需标准之间的偏差；算法还能像识别组件故障一样快速识别周围的工具或者处在危险环境中的人类。当然，算法也支持市场营销和客户问题。有趣的是，在我与公司员工的交谈中，没有遇到任何一个担心人工智能会抢走他们工作的人。

而在移动出行行业的服务业板块，人工智能看起来就完全不同了。在这里，它们经常给人类员工设定节奏，比如说优步的算法会告诉司机，什么时候应该往哪里开。这个例子也非常有趣，因为从事出租车服务的人类司机也通过他们的驾驶行为训练算法进行自动驾驶，直到有朝一日算法可能会接替它们老师的位置。优步已经在各个场合透露出，在机器完全接管汽车控制之前，人类坐在驾驶位上的时间只是一个过渡阶段。这家显然没有获得盈利的上市公司的投资者也在此押注。未来，从软件的调试到自动驾驶汽车的控制再到数字货币的结算，优步创造的所有价值将不再需要人类。

人类帮助机器进行学习，有朝一日机器接替他们的工作，这样的工作在如今已经存在。我待会儿还会给您介绍几个尤为棘手的情况。

无论是作为支持还是作为威胁：未来，人工智能领域以及其他数字化学科的各种技术都会接手以前由人类完成的工作。当您仔细研究一下您的工作任务，只要稍加搜索和想象，您就会吃惊于有这么多内容也是可以由机器来完成的。但是我们不必被这样的情形吓到。它们帮助我们在自己的工作领域学习更多让人类变得更优秀的东西。我在仔细研究了我的工作以后甚至觉得心情挺好。作家的工作只有 20% 的自动化可能性，而且大部分是涉及信息收集和分析。而我感兴趣的全部——探寻主题、评估已有信息的内容、撰写易于理解同时趣味横生的文章，最重要的是和读者交谈——这些都还不能由算法来掌管。但是，随着时间的流逝，人工智能究竟会有什么样的发展，对此我的态度通常是非常谨慎的，因为上句话的重点在"还"。

人们还可以作为网红赚钱吗？

网红是数字化工作精英中的明星人物。对于许多青少年来说，这是他们最想要从事的职业，现在甚至已经有了为期数月的培训课程。这也难怪，网红们传达出来的几乎都是一个有趣、理想和美妙的世界，在这个世界里，他们通过化妆、玩游戏、做饭或者测试汽车就能非常轻松地赚钱。谁不想做一份这样的工作，还能以此大赚特赚呢？据报道，儿童玩具频道在油管的年收入在 100 万到 600 万欧元之间，喜剧演员路易西托·科姆尼卡（Luisito Comunica）在 50 万到 320 万欧元之间，而著名的洛赫曼兄弟（Die Lochis）即使在宣布退休以后收入仍高达 5 万欧元。这些数字仅仅是非常粗略的估计。它们是由 youtubers.me 网站根据各个频道的观看次数和订阅人数自动计算出来的。对实际赚取的年收入，他们和我们大多数人一样选择保密。

除了油管上的自动广告收入以外，成功的参与者还会从与公司之间的广告交易获得收入。对很多人来说这可能是更高的收入来源。抖音或者 Instagram 不是给网红按比例支付广告费用，而是为了广告赞助或者整个宣传活动单独雇佣一个频道的主播。行业咨询公司 Influencer Marketing Hub 计算出，2020 年全球广告商为此类营销活动的支出大概在 100 亿美元——这个趋势还在迅速上升，在 2019 年，此类支出还比现在少 30%。网红本身只是行业中的齿轮。全球有超过 1 000 家代理机构从事专业的市场营销和广告客户联络。绝大多数品牌公司认为网红营销非常有效，因为除了覆盖范围广以外，还可以从点赞、点击量或者购买交易额等形式来判断客户的直接反响。为此品牌方可能会一次性支付数万欧元给这些传播范围非常广泛的频道，以此让网红在某一次视频中介绍他们的产品。

然而，大多数网红的日常工作和收入潜力其实并没有那么吸引人：比如，一位相对来说还算成功的旅游博主表示，她在 Instagram 上拥有超过 20 万名粉丝，而她每条帖子的收入仅有 2 000 欧元。

这个职业乍一看似乎是一种非常简单的赚钱方式，但现在却变成了一门非常艰难而且竞争压力很大的生意。社交媒体早期兴奋地用手机摇摇晃晃地录下私人化妆过程就能安心赚取大量广告收入的时代早已经成为过去。原因在于竞争变得非常专业，昂贵的技术设备和训练有素的员工竭尽全力使租用的专业工作室看起来像是年轻人的房间或者是私人卧室。除此以外，还有大量的频道和平台在每个能够想象到的话题上争夺用户的注意力。因此，成功的网红和博主们必须永远有新的产出、粉丝，最重要的是有互动量，这样才能继续赚钱。这个行业及其代理机构的专业化也使得广告商更容易委托好几个不同的量级较小的网红，而不是依赖这个行业的大明星。小网红虽然只有几千名粉丝，但是他们与其粉丝之间保持着更紧密、更持续的联系。这会增加广告产品的吸引力，并且关注者与广告产品之间的互动率会高于大频道的粉丝。

但是人们可以靠这个职业致富吗？来自"八点吃晚饭"频道的美食博主和食谱作者克劳迪娅·扎尔滕巴赫（Claudia Zaltenbach）在业余时间兼职小主播，并向我讲述了她所耗费的时间："在我的博客或者 Instagram 上终于出现一张漂亮的色香味俱全的菜肴照片之前，我花了大概 5 个小时在购物、准备、造型和拍照上。即使我已经把照片上传了，这件事也还没有结束。因为之后我会回答来自我 2 万多名访问者圈子的问题，回复来自 Instagram 和脸书上一万多名粉丝的消息，或者在各种平台上分享这个动态。"

除了时间，克劳迪娅还要在运营网页、购买相机、灯或者厨房用具等方面投入金钱，使每一张照片看起来都独一无二且美味。"我没有任何广告收入，但我与一些公司有交易，他们会赞助我设备或者前往亚洲进行考察旅行等。我也通过贩卖我受到好评的食谱来赚钱，但是我不想计算小时工资——那会低得离谱！"

一份克劳迪娅·扎尔滕巴赫认为虽然辛苦但是美好的兼职，对大部分专业网红和博主来说通常会耗费大量精力，以至于这份工作成了一种负担。健身明星索菲亚·蒂尔（Sophia Thiel）（"与索菲亚一起健身并强壮"）因其油管频道拥有超过 100 万订阅者而成立了自己的公司，创办了一本杂志并且开始做自媒体工作。在 24 岁时，她突然退出并发布了一条视频，在视频中她解释道，为了粉丝她不得不保持活跃但是非常疲惫："永远活跃并且产出新鲜的内容会让你随时随地都感觉到压力——这实际上几乎已经是一份全职工作了。"其他人，比如网红"暴力维多利亚"（Victoria van Violence）甚至宣布她由于工作而得了抑郁症。她说："你永远处于一种让人发疯的压力之下。这与你必须随时做出新东西有关。对于全职做这项工作的人来说，这是一份没有周末的工作。他们有团队，而你是整个公司的老板。"

网红创造了一种将某个特定的人展现在媒体公众前的生意。他们的粉丝只是追随或者喜欢这个由经纪公司打造出来的完美形象。偶像们不会被人看到他们去度假、生病、给自己随便做一个快速三明治或者容貌出现问题。因为他们自己就是他们最重要的商品，人们必须真心想要这种商品！

然而，与我们即将谈到的另外一种数字工作者相比，大多数网红都算活在天堂了。

谁在亚马逊上撰写产品说明？

一个流行的观点是，我们正在走向一个同时存在数字时代赢家和模拟时代输家的未来职场世界。但这并不完全正确，因为即使在数字化的那一端也并不是所有事物都在闪闪发光。第二次工业革命期间，工厂流水线上的匿名工人就是数字革命中网络上的"土耳其人"。这个名字来源于一个古老的事物——土耳其行棋傀儡。1769 年，奥匈帝国的宫廷官员沃尔夫冈·冯·肯佩伦（Wolfgang von Kempelen）展示了世界上最早的机器人之一。他的机器虽然只能下棋，但是却能够在比赛中战胜当时的大多数棋手。机器的上部是一个穿着土耳其传统服饰的男性玩偶，它在比赛过程中会抬起左臂并移动棋盘上的棋子——这个装置因此而得名。在集市上或者宫廷里展出时，观众都对这款机械杰作充满热情。然而，几年后，这被证实是一个巨大的骗局。因为冯·肯佩伦根本没有制造出第一个机器人，而是在机器人的肚子里藏了一个人类，这个人移动玩偶的手臂并赢得了棋局。

根据这个故事，亚马逊在 2005 年决定以这个虚构的故事命名一项服务——"机械土耳其人（亚马逊劳务众包平台）"。在亚马逊，这个机器由一个网页组成，在这个网页上人们可以发布和接收工作。在这个机器的肚子里——或者这么说更好：分布在世界各地，但隐藏在这个网站的匿名服务背后——是人类在解决这些大多非常简单的任务，完成这些任务后他们通常可以获得几美分。由此，互联网上出现了这样一个由"土耳其人"、众包工人和微型工作人员等组成的低工资区域。我们所有人都从这些人的工作中受益，因为他们为网店中的每一个小螺丝编写产品描述，优化搜索引擎条目，为导航软件标注街道名称或者用正确的标签标记图像内容，以便这些图片可以用于机器学习。数字助手的语音识别功能的发展或者导航软件在高速公路上正确的驾驶指令也或多或少地享受了这些数字工蜂的服务。

您肯定见过一个典型的"土耳其人工作"，那就是让人兴奋的小型验证码：在分布了多张图片的网格上人们必须选择那些上面有斑马线或者红绿灯的图片，提供用于进行比较的图片就能获得一美分的报酬。事实上，在这些数量惊人的在线服务背后，就隐藏着这些人类工蜂。数百万人以此谋生，尽管他们每小时只能赚几欧元。仅仅在亚马逊的"机械土耳其人"就有来自世界各地超过 100 万人注册。除了亚马逊，还有来自德国的 Clickworker 或者 Crowdguru 等提供商。除了平台的运营商以外，没有任何人能从中获利。来自新加坡管理大学的原小太郎

（Kotaro Hara）教授进行了一项研究，以调查这些数字工蜂的收入潜力。2 676 名工人完成了 380 万项任务，平均小时工资仅为 2 美元。只有极少数人达到了法定最低工资水平。原小太郎还解释了为什么大多数人都挣得这么少：作为一个"土耳其人"，人们在电脑前浪费了大量时间，等待有趣的广告出现，理解那些通常被描述得含糊不清的任务，然后比竞争者更快进行点击。这些现代"象棋土耳其人"在他们的工作之后被冷酷地评分，只有在他们获得超出平均水平的评级之后才有可能在未来获得更好的任务。在德国，情况看起来会好一些。然而这是因为在这个国家大多数点击工作者只是将这个工作作为副业。他们重视这个工作的灵活性以及根据需求赚取额外收入的可能性。根据贝塔斯曼基金会的一项研究，超过一半的平台工作者通过平台每月赚取高达 400 欧的收入，且平均每周只在这上面花费 6 个小时。

但我们很快就会看到，平台工作者的竞争者来自世界各地。对数字工作者来说，他们跟数字产品是一样的：只需要通过点击就能做成一笔更好的生意。当我们对某个翻译得很拙劣的产品描述或者对预订服务的错误菜单照片感到生气的时候，作为客户的我们甚至不会注意到网上这个处于阴影之中的劳动力市场。我们在网上购物时比在现实生活中更痛苦地为了更低的价格而讨价还价，而这些低价的存在正是因为一大群默默无闻的人们隐藏在屏幕后面为了低廉的工资而工作。给产品贴标签、回答问题或者安置照片。可能那个真正的"象棋土耳其人"在令人窒息的箱子里过得还要舒服些。因为沃尔夫冈·冯·肯佩伦依赖他们的下棋技巧，而且只有少数几个人矮小到能装进这个箱子的同时国际象棋也下得很棒，再怎么说，他还能和他们一起去欧洲豪华旅行呢。

数字工作者有自己的工会吗？

您刚刚遇到的大多数众包工人或者点击工作者都是独立工作者。这意味着他们无法获得法定最低工资，无法避免自己被解雇，也没有医疗保险。当他们的客户生气时，他们就处于弱势地位，因为适用于他们的只有各个平台的一般商业条款，但这些条款通常是为了公司的利益而片面制定的。其中让人生气的条例比如：禁止"他们的"司机之间互相联系；所提供的服务根本不会被客户支付；不公平地分发委托的算法。

如果您是一家公司的员工，您肯定不会接受任何类似的东西，可能还会有一个工作委员会和工会来支持您争取更好的工作条件。他们会为您争取公平的薪酬并且制定对员工友好的最低标准。但这在数字化的职业世界是什么样子的呢？在一些国家，许多点击工作者糟糕的工作情况——抛开传统的、固定的工会成员人数下降不谈——导致出现了平台工作者的组织代表。奥地利工会联合会、英国独立工人联盟以及德国五金工会都为数字个体工作者负责。工会为他们提供法律技巧、专家和顾问，在发生诉讼时支付诉讼费用，运营一个委托人的评估平台并为他们争取更好的工作条件。同时，它们还是其数字成员面对职业介绍所、健康保险、养老保险或者同业工伤事故保险联合会的法律代表。

平台工作人员的工会组织不仅通过他们的工作帮助数字化工作者，还会帮助所有员工开展工作。近年来的一些例子证明，公司也会利用众包工人的服务来处理复杂或者创造性的任务，而固定员工就不会再做这些任务了。如果这些以缺乏职业安全为代价但是成本要低得多的外包工作，都发生在我们的劳动力市场中不受监管的领域，不会对任何人有利。在已经被引用过的关于未来平台工作的 2019 年贝塔斯曼调查中，受访者将"缺乏社会保障"列为他们工作形式中最不可忽视的缺点。

尽管如此，我认为这种不受约束的工作形式在未来几年会大量增加。它对员工来说还是有一些好处：自由的时间管理、在家办公、家庭与工作之间更好的平衡、非专业人员也能完成的任务、为一个母语公司远程工作等。因为，正如我们所知，劳动力市场不受国家限制，国际上的平台工作者之间存在着激烈的竞争而他们对工资的期望差别很大。同时，来自德国的点击工作者当然也可以在世界各地寻找工作。

德累斯顿应用科技大学的弗洛里安·亚历山大·施密特（Florian Alexander Schmidt）博士兼教授在一项研究中调查了这项国际化的竞争，并发现有数十万来自委内瑞拉的注册人员，"一个人口受过良好教育且人脉广泛的国家，但由于恶性通货膨胀，人们难以生存。"施密特解释说，对许多委内瑞拉人来说，众包工作"已经成为将外汇带到世界的生命线。他们现在已经是数字农民工大军中的一员，就像收割工人一样在新平台之间来回穿梭"。

在这种情况下德国的五金工会和其他工会当然只能提供有限的帮助，比如他们只能在德国法院执行合同索赔。

未来我们都会在家里工作吗？

2020 年 7 月，我曾经与之共事过的一家柏林公司的负责人询问了他几个月以来都未能进入办公室的员工想什么时候回来。员工的回答震惊了管理层：超过四分之三的人不愿意再定期来公司并表示未来主要在家里工作。即使是被询问到的管理层人员也表示，可以想象到未来自己很可能领导这些零星散布在不同地点的虚拟团队。请注意，我们在这里谈论到的是一个人文领域的公司，它的团队主要由受过人文科学培训的人员组成，而不是信息技术领域的专业人士。人力资源经理告诉我："多年来，我一直尝试在这里实施灵活的合作方式，但是徒劳无功。员工们坚持在自己的办公桌前工作，生怕在空闲时间被他们的手机打扰太多。高管们担心失去对自己团队的控制。企业工会怀疑每台平板电脑后面都藏着监控技术。同时董事会认为在家工作只是懒散的同义词。"但现在，所有这些担忧都被一扫而空。最近这段时间的经验表明这是可行的。她对这个结果感到很高兴，即使新冠肺炎疫情大流行是她同事开放态度背后的助推器。

世界上很多公司都像这家公司一样运行。Meta 的老板马克·扎克伯格（Mark Zuckerberg）宣布，到 2030 年很可能有二分之一的在线网络员工会在家里工作。他还让他的员工们自己选择新冠肺炎疫情之后是想返回总部，还是跟以前一样待在家里。推特、苹果和硅谷的许多其他公司也做了类似的事。但即使是在欧洲和更传统的行业，现场办公在许多办公室也即将成为过去式：标致、雪铁龙和欧宝等品牌的母公司希望员工每周最多来办公室两天。在曼海姆欧洲经济研究中心于 2020 年进行的一项研究中，75% 的信息行业公司和 56% 的制造业公司表示他们已经在家庭办公的新技术上进行投资了。

新冠肺炎疫情大流行导致人们不得不做出的决策向我们表明技术先决条件已经达到了，而其中最重要的因素是对家庭办公态度的转变。对于员工来说，它提供了一种更加灵活的工作形式，最重要的是不再有烦人的通勤时间。健康保险公司DAK的一项研究表明，家庭办公会让员工工作效率更高，最重要的是没有那么多压力，而反过来企业可以节约办公空间、电费和其他费用。甚至我们的城市以及道路也能从中受益，因为来回通勤占据了很大一部分日常交通。

因此，几乎没有什么理由反对从办公室办公到更加灵活的居家办公的转变。当然，这种形式的工作只适用于办公室工作，而并不适用于生产业、农业、照顾小孩、老人或者病人的护工以及零售业的工作。弗劳恩霍夫劳动经济与组织研究所（IAO）在最近的一项研究中预计，在所有行业中家庭办公形式的使用都将"大规模持续性增加"，并且认为这不仅适用于员工："那些数周、数月甚至更长时间在本地，远离雇主或者客户办公室所在国家的'游牧性'数字工作类型肯定会因其安全性越来越被雇员所认可。这主要是因为在新冠肺炎疫情之后，虚拟合作将成为文书工作以及知识工作不可或缺的一部分，而不再只是一种充满异国情调的工作形式。"这是一个美好的前景。我期待着能在阿尔加维设立我的办公室。待会去问问我的同事们是怎么想的。

但即使他们一开始对此表示反对——远程办公或居家办公的趋势还是会进一步加快我们职场世界数字化的总体速度。因为工作越是来自不同的地方，就越有必要以数字形式保存所有文档和流程。从长远来看，由新冠肺炎疫情危机引起的强制性数字化甚至可能是让我们所有人为数字化工作世界做好准备的一个重要因素。

因此本章节展现出来的很多发展——无论是工会对众包工人的支持、人工智能成为我们屏幕上的同事、通过算法来监督我们的工作表现——都比我们几年前所想象得更早一些发生在我们大多数人身上。

算法会观察我们工作吗？

为你收集最后一份订单的亚马逊员工、带你去机场度假的热情的优步司机以及昨天的披萨送货员之间有什么共同点呢？

"这三个人都为数字公司工作！"您可能会这样回答。答案是正确的。但他们三个人还有一个共同点：这些员工都被算法所掌管并监控着。

很简单，数字革命为我们的经济留下了两种工作。一部分人制定数字技术，编程并研究它们。另一部分人被算法分派到各处，被分析、被监控。例如，在物流公司，复杂精确的算法会准确地告知仓库中的工人，什么时候他们应该往哪里去以及他们需要打包哪些货物，以便最后将货物发送给我们。在运输服务行业，这些聪明的软件会明确告诉司机他们必须走哪条路，他们可以根据需求从顾客那里得到多少报酬以及他们开车开了多长的时间。我们的外卖服务也完全受到算法控制。

算法帮助我们在软件中选择菜肴，然后将订单发送给附近的餐厅并且同时决定将订单发送给哪一个送餐员，以便尽快在餐食还冒着热气的时候送给我们。在此类服务工作中，人类成为执行电子大脑指令的手脚，而算法则接管了人类员工的控制权。当然，它们也会在这个过程中分析配送的速度、效率以及准确性。顾客甚至通常会通过给工作人员打星或者评分来帮助这一评估。

"对不起那个送披萨的小伙子，我下次一定会给他更多的小费。但是这跟我有什么关系？"现在您也许会这么问。我们来看看典型的办公室工作？您觉得算法很难从打印机到工位随时跟着某个人然后测量这之间花费的时间，或者很简单就能做到这一切？我建议您不要觉得自己很安全。因为软件开发人员、律师、办公室工作人员和基金经理的工作也会在"人员分析程序"的框架下被分析。在实践中，我们甚至通常不会注意到这一点，因为这个过程通过联网的公司软件被深深地嵌入了办公程序或者生产程序中而几乎无法被识别。

几年前，这样的监控甚至更加引人注目。为了我的《机器的创造力》一书，我研究了日立公司的一个项目，在这个项目中，公司员工配备了可穿戴的传感器。这些挂在脖子上的醒目的红色小盒子会评估人们对特定活动的"满意"程度，并向他们发送如何让工作日变得更美好的建议。这个项目的目的是提高生产力以及由此提高员工整体的"幸福感"。在结束时，日立公司该项目的负责人表示："这项新技术有可能为企业的会计、生产以及人力资源管理系统开辟新途径。"幸运的是他们想的并不正确，不然的话我们都会在脖子上戴着红盒子走来走去了。但是他们研究中的基本特征——将分析员工生产力的关键数据记录下来，已经被广泛接受了。如今，这完全不需要额外挂在脖子上的传感器就能实现，因为多亏了我们的手机，我们总是自愿在身上携带大部分传感器。评估我们办公软件的数据、智能手机软件的运动数据以及分析公司自己的平板电脑因此也能得到足够的数据。在新冠疫情封锁期间，全世界有数百万人在家里完成他们的工作。与此同时，许多公司在他们的工作电脑上安装了类似于 Hubstaff 这样的工具，可以记录用户敲击键盘、移动鼠标的次数以及访问过的网站。另一个替代方案，时间博士（Time Doctor），甚至可以录制屏幕视频，并且可以每 10 分钟通过网络摄像头验证员工是否还在电脑前。人事管理中的分析软件旨在分析、预测甚至控制个人或者团队的绩效和潜力。从日常生活中我们就可以知道这些制造商的名字：微软称之为"Office 365 工作场所分析"，万国商业机器公司（IBM）称之为

"沃森人才洞察"，思爱普称之为"成功因素人员分析"。尽管所有提供商都对其算法的确切操作模式守口如瓶，但他们使用了模型识别以及机器学习的所有模式。

直接存储在系统中的所有数据，比如报告、日历、消息、数据库条目或者项目管理信息都可以作为数据基础。此外，这些大型供应商当然还会提供来自其他公司的比较数据，这使他们能够使用大量数据来计算类似活动的普遍有效的比较价值。越是依赖于软件工具的标准化工作就越容易被分析和评估绩效。

此类人员分析程序也逐渐被用于评价同事。在桥水对冲基金公司，所有员工都会收到一台 iPad。上面预装了一个名叫 Dots 的应用程序，利用这个软件，同事之间可以根据一百个条目来给彼此评分。这样就产生了排名和表现报告，这些报告也会对公司的晋升机会和年终奖金产生影响。摩根大通集团也引进了一个类似的系统，亚马逊也采用了激励机制。在 Zalando（德国大型网络商城），员工们使用 Zonar 系统直接向彼此反馈工作成效以及社交行为。公司强调，这种评估形式能够创建一个非常可观且公平的系统，在这个系统里不再仅根据上级的个人喜好而进行升迁。

但是也有人批评说在机器里存储太多信息会导致信息完全透明。由算法观察（AlgorithmWatch）和汉斯·伯克勒基金会（Hans-Böckler-Stiftung）合作的一个研究项目警告说"女性员工在此被完全物化"，并得出结论，如果员工并没有亲自表示同意数据使用，许多公司可能会因为引入这个人员分析而触犯法律。研究人员还抱怨说，由于算法的黑匣子功能，根本无法核实比如企业工会究竟是如何运作的。在德国，这种监控系统的使用在很多情况下都是非法的，确切地说，需要员工的同意。

尽管如此，我们已经到达了一个关键的里程碑。因为尽管这样的评估还不被允许，却已经为全世界投入使用的系统提供了足够多的数据，工作场所也配备了全面的技术设备甚至可以分析到家庭办公位。软件公司的算法也足够强大，能够分析数量巨大的数据。能够实时并系统地鉴定和评估几乎每种工作所需的一切技术条件都已经具备，我们也许应该对此感到忧心。因为数字化的历史表明，所有技术条件都已经达到的东西最终也会变为现实。然而，我们的社会还没有对此做好准备。因为我们的工会、职工代表委员会、框架协议和法律的发展速度与科技的发展速度并不同步，我们正在应对两种不同的速度。虽然近年来技术系统的性能呈现指数级发展，但是社会框架条件却部分地处于数字时代前的状态。在我们接近下一个至关重要的里程碑——算法、软件和机器接管大量活动——之前，这两种速度必须互相协调。

这一方面包括针对员工以及员工在职工代表委员会和工会中的代理人进行知识建构，当然也包括针对公司管理层进行关于所用软件的实际操作模式、法律框架以及保持目标和预期收益透明化的知识培训。另一方面，我们还必须寄希望于软件公司能够更加认真地对待其软件程序的社会维度，而不仅仅是将技术上的可能性直接实施。他们必须寻求与那些被分析和观察的人们进行对话，即我们。因为事实上如果我们的工作被这样分析就能使我们变得更好的话，我们大多数人可能完全不会对此感到介意。但是，在这里——就像我们的数字生活中许多其他场景一样——我们可以怀抱期望，希望从我们这里收集的或者关于我们的数据首先能够属于我们自己，并且可以由本人进行查看和管理。因为只有这样，被人员分析程序分析的人才会觉得自己是一个参与者，而不是一个被观察的对象。

人们在工作的时候也能观察算法吗？

"我会对此很感兴趣，"第三排的女士说，"关于为什么网飞最近一直在向我推荐恐怖片，但实际上我并不能看血腥的场面……"已经是晚上了，我在一家银行的讨论会即将结束。我已经想开个小玩笑跳过这个问题和观众说再见了，但是她继续说："……最后我甚至喜欢上了其中几部片子！"

我停下了。她刚刚说了什么？流媒体服务给她推荐了并不适合她的内容，但是似乎仍然符合她的口味？算法比这位女士自己还要懂得她喜欢什么吗？这是一个令人兴奋的问题，几位与会者就此展开了激烈的讨论，讨论算法做出的哪些决策能够完全被我们所理解。我们无法看穿的令人毛骨悚然的黑匣子概念就存在于这个空间里。因为很快我们就能看清楚，这个问题当然也与生活的其他领域相关。

网飞的观影建议或者亚马逊的书籍推荐只会让我们消磨或有趣或无聊的几个小时，但显然机器人顾问给出的股票推荐或者银行算法拒绝给我们贷款的影响会更大。就像我们在关于移动出行或者通过医疗诊断程序检测出肿瘤细胞等章节读到的那样，自动驾驶汽车做出的决定甚至可能关乎生死。

由算法计算得出的决策在我们日常生活中越来越多的领域发挥着作用。在很多时候我们不能理解，为什么软件会以这样或那样的方式做出选择。在这种情况下，算法是一个输入信号并通过信号输出做出回应的黑箱。在这期间发生了什么，全都被留在了黑箱里。尤其是在机器学习中我们经常发现这样的系统：不管是用什么方式，总之，机器在数千张图片的训练之后明白了是什么使一张猫的图片成为一张猫的图片。它并没有向我们透露，是因为它特别注意耳朵的形状、毛皮结构、眼睛和鼻子之间的距离还是别的什么完全不同的东西，比如图片中的颜色值分布。在找猫的时候它可以随意发挥，但是大多数人都会想要一个明确的被拒绝申请贷款的理由。因此，出现了一个越来越重要的问题：我们如何在工作中观察算法以便更好地理解它们的决策？

有几种可能：第一，并不是所有算法都在一片黑暗中运行，有些算法是基于所谓的决策树模型，比如"如果患者发烧超过40摄氏度并且不再有味觉，那么建议进行新冠病毒检测"。这些结构树也可能非常复杂，但是由于算法是基于规则工作，因此人们可以轻松地理解它们在每一个结构的分支上做出的决策。但如果程序不是根据事先给定的规则进行学习，而是通过示范训练创建自己的规则，就会变得困难一些：前面提到的通过许多猫的照片来学习辨别猫就是一个例子。我们能看到最终它成功了，但是不知道系统给自己制定出了哪些规则。如果人们可以直接打开计算机的盖子，看看这个盒子的内部，那就太好了。但是人们一般都看不到太多，所以必须找别的方法。麻省理工学院的科学家们走出了一条惊人的道路。他们提出了一个新的学科：机器行为研究。他们——就像行为研究人员对人类所做的那样——将以经验为依据，在他们的工作中观察算法，并在试验中探索，以获得确切的工作原理信息。"如今，我们正在见证机器如何做出决策并独立保持活跃。"其中一个作者伊亚德·拉万（Iyad Rahwan）写道。因此，像我们研究其他生物是如何独立做出决策一样去研究机器是如何做出决策，已经不再是天方夜谭。

找出黑箱是如何做出决定的另一种方法，是所谓的"指向和正当合理性解释模型（Pointing and Justification Explanation Model）"（PJ-X）。在这种模型中算法会被要求提供做出决策的原因，比如人们可以用食物的图片来训练它并询问："这是健康的食物吗？"PJ-X模型针对汉堡的图片会回答："不，这是一个由精面包和大量酱汁组合成的汉堡包。"在它的回答中，它已经给出了它作出评价的原因（精面包、酱汁），从而解释了它在评价食物是否健康时是基于什么理由。通过这种方式，人们也能发现算法是何时学会了漏洞百出的胡说八道。

我想更多地了解机器出错的频率，并因此会见了人工智能专家肯扎·艾特·西·阿布·利亚迪尼（Kenza Ait Si Abbou Lyadini）。"有一个关于哈士奇和狼的著名例子，"《别慌，这只是技术》一书作者，同时也是一位工程师的女士这样解释道，"我们通过机器学习分析狼和哈士奇的照片，最终，算法能够很好地区分这两种动物。"而在另一个新的图像识别的实验中，狼却被错误地辨识为哈士奇。当人们将算法进行编程并让它提供解释时，发现它认为图片中的雪是分辨两种动物最重要的标志。这个例子经常在会议中被提及，以证明人工神经网络有时候会使用和我们想象中不一样的特征来做出决策。在第二个实验中，科学家们特意使用了特殊的图像，即背景为雪地的狼的图片以及背景为草地的哈士奇的图片，这在自然界中并不常见。"之前只认识哈士奇背景中雪地的算法因此将狼错认成了哈士奇。"

在其他一些例子中人们可以非常轻易地看出算法学习了一些错误的东西。比如，一个程序主要是根据黄色背景上蓝色"Chiquita"字样的小标签对香蕉进行分类。由于这个品牌在全世界都有出现，因此这个标志被贴在大多数用于机器学习的训练图片上。最终，算法断定，一个香蕉最重要的标志必须是蓝色的贴纸。

我给肯扎讲述了我的报告结束时关于网飞推荐的谈话，并问她是否可以解释为什么网飞的算法错误地认为这位女士喜欢恐怖片。

这位工程师因为这个例子而开怀大笑，说："如果人们不知道算法到底是怎么运行的，那么通常来说应该首先着眼于训练数据。也许这些数据从一开始就有错误。很显然这位女士十几岁的女儿可能在她不知情的情况下看了各种类型的恐怖片，网飞因此会推荐更多这样的电影。"

我要如何糊弄一个负责招聘的人工智能?

在算法对我们的行为进行评估的很多情况下，了解我们是否能够故意用某种方式去影响它的评判是非常有趣的事。这个想法的其中一个实践就是由人工智能进行支持的招聘系统，我们作为求职者在这个系统上与软件进行视频聊天。根据我们的语言、表情、表述的内容以及许多其他因素，软件分析我们是否适合这份工作。该软件使用从我们这里收集到的所有数据，通过分值形式来计算每个被期望满足的点的匹配程度。大多数情况下，企业会提供一个在过去出色完成工作的员工个人资料作为模板。

然而，在亚马逊的一项测试中，这正是问题所在。这个软件在第一时间就将女性排除在选项之外，因为这个公司迄今为止表现最好的员工已经被算法判定为年龄在 30 至 40 岁之间的白人男性，仅仅是因为这一类人在过去最经常被提升到更高的位置。就这样，算法吸取了迄今为止人事政策的偏见并将其继续认真执行下去。这个测试被叫停了。对于像联合利华或者高盛这样的公司来说，这样的机器人招聘仍然是一种相对便宜的，能够筛选数十万潜在候选人的方式。这背后的考量是，某个申请者能够像缺失的拼图碎片一样完美地融入公司拼图。当求职者明显多于岗位的数量时，这种系统有助于不需要耗费大量时间就把那些满足最低要求（比如良好的成绩、学历、专业经验）且出于个人性格原因所以不是特别引人注意的人提拔到下一轮。

这些系统的制造商强调，他们的程序要比人类招聘员公平得多，因为人类招聘员会不自觉地经常偏爱与自己有同样性别、肤色或者简历中有类似经历的人。当然，当我们与技术的接触能够让我们认识并消除此类偏见和不公平的做法时，这是值得庆祝的事。然而，尤其是对于规模较小的公司，以及如果公司也欢迎与普通人不同的人们，我相信还是人类更擅长找到他们合适的同事。很多人都同意我的看法。班贝格大学、纽伦堡大学以及职业门户网站 Monster 进行的一项调查显示，超过一半的职位候选人都拒绝这种机器招聘，他们更愿意与人类进行交流。

因为，越来越多的机器招聘投入使用的情况表明，并不是每个人都能与它们相处得很好。例如，老年人就在这方面有些障碍，因为对他们来说，对着摄像头说话还不是一件很常态化的事情。他们的视频因此经常被软件评价为不专业或者不是很自然。许多申请人还讲述说，由于较低的评分而在面试后被简明扼要地拒绝是一种让人非常沮丧的经历。当然，自动化招聘的另一个缺点是申请人并不能获得关于他们为什么得到了糟糕结果的个人反馈。

但是，尽管存在种种担忧，我们大多数人仍将不得不与这种类型的面试打交道，因为未来会有越来越多纯粹虚拟的工作团队，面对面的申请流程已经完全没有意义了。而如今，许多行业空缺的职位有如此多申请人，以至于靠人力完全不能将所有人都仔细审核一遍。根据我们刚刚提到的研究，德国 70% 的顶级企业认为，未来将会越来越频繁地投入使用自动化挑选申请人的系统。

如果我们要安全地与这类系统打交道，我们还应该搞清楚它是如何运作的。在这样的谈话中我需要注意些什么？我应该怎么做才能获得更好的评价？我要先跟您透露一个坏消息：机器人被认为是没有办法贿赂也没有办法用小聪明糊弄的。我并不相信，并试图用计谋骗过一个这样的算法。一个人工智能支持的招聘软件供应商为我提供了一次测试。我需要录制一段视频，然后会收到一份关于我的性格特征的分析，以及它们是否符合一份虚拟工作的标准。为了这个视频，我不得不花 60 秒描述了一下我上次度假的情形。我录制了两个版本。在第一个版本中，我非常自然，热情地谈论了我在克罗地亚的假期，参观群岛以及海滩上的简单美食。而在第二个版本中，我假装自己非常高傲，不带任何感情，并使用了类似"优秀""杰出""表现"这样的词语谈论驾驶帆船、潜水等上层人士的运动。结果令人非常吃惊。因为在这两种情况下，人工智能对我的分析几乎一模一样：作为第一个视频的评估，我收到了所谓的大五人格档案。这里面记录下了我在开放、尽责、外向、宽容和神经质方面的价值观与岗位提供者心中理想人选的对比。我的价值观几乎都在被期望的人格框架之中。只有"开放"这一栏表明，我相对来说"对事物感兴趣并有创造力"，但这份虚拟工作需要"坚持和恪守常规"。不管是我高傲的视频还是友善的视频都展示出了这些价值观。只有在外向这一方面，高傲的视频产生了大概 10% 的差距。第二份报告评估了我的行为、我与他人的交往以及我对任务的认同感，这两份视频在这里的评分几乎相同。第三份评估中我看到了自己与这份工作之间的文化契合程度。这是我两个视频中最大的不同之处。那个高傲的我对结果的关注高了 4 个百分点，对细节的关注高出 2 个百分点。与此相对，友善的我在创新和团队领导两个方面各多出 6 个百分点。最后，我找到了同时适用于这两种情况的我的性格特征完整描述。顺便一提，我尤其喜欢一句评价："看起来是一个能够适应新挑战的人，被视为灵活的思想家，也是一个很快对事物失去热情的人。"人工智能是对的！

我询问测试软件 Retorio 的制造商，如何将算法训练得如此精确，以至于它们几乎不会被欺骗。制作人克里斯托弗·霍恩伯格（Christoph Hohenberger）博士解释说："Retorio 背后的人工智能基于多年的研究、数千次精心进行的科学测试以及人类的反馈。"该软件根据视频分析"可感知的性格特征"，仅能判断出候选人给人感觉如何，但是不能判断出他在想什么或者他是谁。大五人格模型可以追溯到 20 世纪 30 年代的研究，它被认为是人格研究的通用标准模型。尽管如此，所有的心理模型都只是对某些特定标志的粗略总结，因此当然永远不能完全解释一个人的所有方面。然而，许多企业仍然在他们的申请过程中使用相应的测试。通过人工智能对视频的评估，至少可以实现对不同候选人的客观评价——前提是软件的训练数据没有偏见。克里斯托弗·霍恩伯格认为人工智能评估相对于人类评价有明显的优点："它使每个人的性格印象客观化，准确率超过92%，并且取代了个人评价。从而达到了类似于大量专业招聘人员对同一候选人的评价结果。"

这可以解释为什么我没有成功地骗过系统。这个软件并不依赖于我在问卷中所阐述的内容，而是评估它能感知到我的东西。比如，在分析我们的面部表情时，有许多我们无法有意识去控制的微小肌肉运动。然而这些微小的情绪会被识别并进行评估。算法还很擅长判断我们说话的自然程度和正常的流利程度。如果我们在语言上伪装自己，比如生硬地使用很多外来词，那么就很容易直接被判定为负面表现。

即使有了这些关于我们自己的惊人发现，人们也一定不要忘记，这样的分析工具并不能分析我们的性格，而仅仅是分析它根据我们的交流而感知到的个人特征而已。

当我们在与视频招聘交谈时，我们应该像与人类交谈一样表现得自然和友好。我们应该说话清楚明晰，提及简历中最重要的方面和关键词，并且乐于表现出正常的情绪。同样地，我们需要为这样的面试谈话好好做准备，就像面对人工面试一样。这意味着技术设备正常工作，我们所处的空间应该安静并且采光良好，最好穿得像参加正式面试一样。典型的面试问题围绕着你为什么要申请这个职位，或者你在过去是如何解决这个职位上的典型挑战等等。原则上人们应该为这些问题做好准备。

有趣的是，为这种机器人选角所做的准备工作与真正的面试谈话的准备工作是一样的，人们做不到欺骗这个系统。但这里当然有一个关键的区别：正常的两人或者多人之间的谈话总是会传达出关于该公司及其员工的印象，而这样的视频招聘谈话却是一个纯粹的单行道。仅此一点难以透露出，公司对于未来的求职者有着怎样的价值判断。

我的雇主可以审查我的社交媒体活动吗？

由于通信的数字化，职业生活和私人生活在许多地方共生而难以区分开来。我们经常在工作和生活中使用相同的服务和设备。如果工作和生活的交集导致个人言论出现在工作场合中，便有可能会产生法律问题。例如，德铁的一名火车司机在他的私人脸书账号上发布了一张奥斯维辛集中营入口大门的照片，配文"工作让你自由"。而下面的评论里有一句不得体的话："波兰已经准备好接收难民"。在他的个人资料中，由于这个男子穿着工作服的照片清楚地显示出其身份为德铁员工，因此德铁在没有通知他的情况下解雇了他。这名男子删除了相关内容，道歉并指出部分消息源自波兰讽刺杂志。虽然曼海姆劳工法庭后来认为他被解雇是不合常规的，但是仍然认定其违反了工作职责，因为该男子在发表不当言论时明显能看出来是德铁员工。

像这样的事件不断引发激烈讨论。被投诉的内容并不总是像上面的例子那样不人道。对于我们这些法律门外汉来说，很难判断在什么情况下雇主可以干涉我们 Instagram、脸书或者推特的使用。或者我们在空闲时间做什么完全是我们自己的事？言论自由的崇高权利又在这次讨论中扮演了什么角色？

原则上，如果员工使用社交媒体（或者用其他方式）泄露公司机密或者违反了数据保护规定，公司可以采取行动。这有时也包括通信服务中的对话，如果这些对话不符合公司对其自身服务数据保护的高要求。除此以外，当员工违反雇佣合同规定的义务，比如他们的行为损害了公司声誉或者公司业务，就像这个火车司机一样，或者当他们泄露公司内部信息时，也会引起问题。雇主同样还可以禁止员工在工作时间或者在公司的资源（比如笔记本电脑或者公司电话）上进行社交媒体活动。

但是，雇主并不能对闲暇时间或者在自己的个人设备上使用社交媒体有任何干涉，除非员工公开侮辱老板或者同事，或者对公司造成了什么别的损害。同样的，传播谣言、故意诋毁或者贬低他人并不能用言论自由进行开脱。任何公开反对员工已承诺遵守的公司价值观、道德观念和政治观点的人，也会在充满危机的路上前行。考虑到言论自由，这可能导致违背忠诚义务，尤其是在员工职位暴露的情况下。如果销售经理公开表示，她的公司里全是一群无所作为的人和白痴，这显然违背了忠诚义务。当然，与雇主的关系也必须是可识别的，因为雇主和雇员活跃在同一片社交网络中，或者雇主在雇员的个人资料中是可识别的。

尤其是如果人们接受了雇主的委托而在自己的个人账户上发帖，对外人来说通常并不清楚这个人是专业角色还是私人角色。只要人们还做不到将这两个世界完全彼此分开，那么在社交网络上按照雇主也喜欢的方式行事总归是一个好主意。如果您还是对您的公司非常不满，并希望以公开有效的方式将其传达给您的社交朋友圈，您最好还是离开它！

以防万一，您如果想传播极端右翼思想，即使您被认出的时候还穿着工作制服，那么社交媒体问题也许是最微不足道的问题了！

经济：
最重要的任务是调控好
不同的发展速度

08

CHAPTER

¥

为什么数据被称为新石油？

1973 年秋季的一个星期天，街道上空荡荡的，只有一家人在散步，高速公路变成了足球场和野餐区。发生了什么？为了节省燃料，联邦政府对所有高速公路都实施了严格的驾驶禁令。在此之前，阿拉伯国家将石油价格翻了两番。现在，一桶石油的价格是 12 美元，而不是 3 美元。石油，这个自 20 世纪 30 年代以来一直推动全球经济发展的珍贵原材料，如今变得更加宝贵。石油不仅是最重要的能源资源，而且还是化学工业里众多产品的基础原料，塑料、油漆和药品都是由石油加工而成。经济依赖于这个资源。在证券交易所也能看到这种原材料的重要性。20 世纪 80 年代，年度营业额最高的公司榜单中几乎全是石油公司，比如埃克森美孚、壳牌、碧辟、标准石油、雪佛龙等。

如果人们在今天再看这份榜单，不会从前 10 名中找到任何一家石油公司。另一种原材料取而代之站在了榜首：数据。榜单的前 10 名通常由这几家公司领跑：苹果、亚马逊、谷歌、微软、脸书以及两家中国公司——腾讯和阿里巴巴。因此，在本章节中，我们还将了解它们的商业模式以及它们对整个经济产生的影响。

它们之间的共同点是，其商业模式仅仅基于数据就能运作。如果没有这种无形的、易逝的资源，这些公司一文不值。虽然一直以来都有公司与数据打交道，但市场领导者不仅涉及某些数据。它们处理海量的数据，也被称为大数据。这两种原材料的主导地位及其加工企业在全球的主导地位是如此相似，以至于政客、记者和商业人士都喜欢说"数据是新石油"。

我认为这个比喻只是部分合适，因为和任何类比一样，这个比喻也有不恰当之处——而这不仅仅是因为石油闻起来很刺鼻而数据是没有味道的。石油的储量是有限的，不知道什么时候就会被耗尽，但是我们拥有丰富的数据。实际上，数据量每三年就会翻一番，在 2017 年，我们在全世界范围内积累的数据量已经超过了过去 5 000 年的总和。数据还可以被无限分享和使用，而遗憾的是，一滴石油只能被一次性转化为汽油或者塑料。但是在比较石油和数据的过程中最让我气恼的是，企业好像是理所当然一样挖掘、处理数据，并把数据当作自己的财产进行出售。这种观点的批判者，包括欧盟委员会在内，更愿意看到基于用户的数据至少保留在消费者手中，并认为企业不能在没有被要求的情况下对其进行推广和货币化。但是，如果用户数据不再是免费提供，对于几乎所有排名靠前的企业来说都将是一个大问题：它们的商业模式将不复存在。

当然，石油和数据也还是有一些共同点的，比如，能够大批量加工这种原材料的公司屈指可数。排名前10的名单同时也是拥有必要服务器容量的公司名单，这些服务器能够从全球范围收集数据并将其作为大宗商品来捕获和存储，并由此生产出更多的产品，而借助这些产品，公司能够从用户那里收集到更多的信息。这是一个能够自给自足的数据收集系统。比如，在全球拥有近25亿用户的脸书积累了300PB的数据——即300 000 000 000 000 000字节。2019年，脸书以此赚取的营业额为707亿美元。也就是每字节0.000 023 5美分或者每兆字节的数据23.6美分。如果您将100张每张大小为2.5兆的照片上传到您的脸书个人资料中，那么一年以内，脸书会从这些数据中赚取相当于59美元的收入。几张度假的照片还不算什么！该公司的所有利润都来自一种原材料：我们在脸书、Instagram和WhatsApp上的数据。那么这样一个疑问是有道理的：为什么我们作为用户不能分享我们自己的数据所产生的利润？我们会在另一个章节里再次谈到这一点。为了防止您今晚辗转反侧睡不好觉，您可以干脆算一算最近几周您已经向扎克伯格先生捐赠了多少数据，然后在梦里用它们来买点东西。

除了数据量以外，排名靠前的公司相比其他经济体还有另一项领先优势。他们的算法具有创新性且性能足够强大，能够处理人类体量巨大的数据财富。因为数据本身并没有什么价值，只有通过分析，它们才会变得有价值。只有通过分析，人们才能认清这个模式，做出趋势预测，使行为模式清楚可见并开始使用它们，比如有针对性地投放广告，预测交通拥堵或者股市走势。

这种新型石油中蕴藏着大量金钱！物联网的发展还没有足够飞跃到能够确保可用数据的成倍增长。想象一下，这七家公司将它们所有的数据力量联合起来，让市场竞争陷入困境，就像 1973 年那些阿拉伯石油开采商做的那样。那么在德国，这可不是仅仅靠 4 个禁止驾驶的星期日就能避免损害的。

事实上，数据正因此日益成为一种政治原材料。美国和印度试图迫使中国公司退出市场，中国通过一些保护措施使本国数据公司保留了快速增长的空间，丝绸之路经济带上的国家也使用着中国的技术。欧洲也越来越频繁地发展自己的解决方案和框架条件，以保护作为政治原材料的数据不被他人或他国所侵害。因此，在接下来的几页中我们还会讨论到，德国是否还能跟上竞争，以及在国际竞争中的优势是什么。

科技巨头是如何瓜分世界的？

排名前十的公司以各种截然不同的方式使用数据资源。在它们早年不断尝试和开发竞争产品之后，七大巨头现在似乎已经将不同的市场互相区分开来，并在各自的活动中相互补充。

苹果专注于生产价格高昂的硬件产品，使内容易于创建、消费和访问。该公司特别注重宣传保护用户数据，但代价是将其置于一个几乎完全封闭的系统中。除此以外，该公司还通过软件的销售佣金以及电影、音乐、新闻、服务器平台和游戏订阅赚取大量收入。

而谷歌拥有西方世界最大的数据宝库以及最强大的分析算法。该公司很早以前就通过搜索引擎了解到，一个通过私人用户数据而完美适配用户及用户现状的广告投放有多么惊人的价值。随着时间的流逝，谷歌推出了更多的产品和服务，比如油管、谷歌电子邮箱、谷歌地图以及安卓操作系统，这些都让它更深入地了解它的用户。几乎所有数据源都是联网的，并且通过每个数据记录在后台更精准地刻画用户及其兴趣。因此，直到今天，谷歌的大部分收入都来自广告。

尽管脸书几乎完全只通过投放个性化广告赚钱，但它也会在 Instagram 和 WhatsApp 上收集有关用户兴趣或者信息流的数据，而这两个软件是目前最重要的即时通信平台。

亚马逊已经变得非常擅长汇总有关顾客购物行为的用户数据，以至于比顾客更了解他们什么时候想要什么东西。仅仅是因为交易者有了这些数据，它才能发展成为世界上最大的购物市场并从交易佣金中赚取利润。

微软通过 Office 和领英等生产力软件、人工智能 Azure 云服务和 Windows 操作系统所赚到的收入大致是相等的。这意味着该公司不仅是名单上历史最悠久的公司，而且还是数据收入最少的公司。

最后两位现代"石油大亨"是中国公司阿里巴巴的创始人马云和腾讯的创始人马化腾。阿里巴巴很早就以"中国的亚马逊"起家，现在已经拥有了自己的支付系统支付宝、出行软件、健康和保险系统。而腾讯则决定了中国的即时通信和社交媒体网络。它通过微信聊天软件，现在俨然成为数字社会的秘密操作系统，因为通过这个软件可以在中国实现从支付工资到预订出租车再到新冠检测通行证明等覆盖所有生活领域的事情。这两者在股票市场的总价值约为一万亿美元。

这些企业的数据当然也需要可以传输数据的网络。5G 是未来移动高速网络的名称，我们在之后会更详细地谈到它，但是其他的网络部件，比如作为数据高速公路的光纤电缆以及海底电缆也是这个基础设施的一部分，而它们也变得越来越政治化，因为针对这些设备也可以进行关乎安全的攻击。没有这些基础设施，就不会有七大互联网巨头，这就是他们对此进行投资的很大一部分原因。例如脸书和谷歌涉足海底电缆，亚马逊参与了卫星互联网，苹果也在持续考虑运营自己的网络。

人们利用服务、设备和应用程序工作、与朋友约会、搜索电影或者电视节目、听音乐或者保存照片等，如果您仔细观察是谁在为您提供这些服务、设备和应用程序，您可能很快就会意识到，大部分人的基础设施也都是由这七家公司中的某一家提供的。我们已经对他们有了相当的依赖！这不仅让消费者权益保护人士感到担忧，同时也让工业公司、中型企业和政治人士感到担忧。因为只有这几家康采恩[①]掌握智能应用的所有钥匙，其他企业就只能通过他们来接触客户。这损害了竞争行为，并进一步加剧了数据垄断。个人用户只能通过选择替代性的服务提供商来对此施加影响，而政治则对此有更好的手段，我们将在稍后看到。

5G有什么特别之处?

3G 标准，即第三代移动互联网，使全球范围内更快的数据

---

① 康采恩：德语词汇 Konzern 的音译，指一种规模庞大而复杂的资本主义垄断组织形式。（译者注）

传输成为可能。因此，那时在手机上调出互联网页面或者同步电子邮箱收件箱中的内容的网速还可以让人接受。借助 4G 或者 LTE，通过维密欧（Vimeo）、网飞以及油管提供音乐、视频等流媒体服务，或者需要大量数据的 Instagram 和脸书使用也成为可能。然而，有了 5G 之后，一个新的数据传输时代开始了，它可不仅仅是简单允许更高分辨率的猫咪视频被上传。5G 之所以成为人们的迫切需求，是因为它还可以用于在工业、医药、农业或者交通行业中传输控制信号。这种极其迅速的数据标准是自动驾驶汽车所依赖的生命线，借此它们才能实现车辆互相沟通并与道路沟通。比如，在发生事故时，它可以立即向所有跟在其后的汽车发送制动信号。为了一场乡下诊所的医学分析，5G 可以实时传输并接收来自世界各地经验丰富的专家学者所发送的数据。未来，空中出租车、特快列车以及货运机器人将利用该网络上演一场人员与货物物流相互协调的芭蕾舞剧。没有 5G 标准，就没有所谓的智能世界。

虽然有一个仍以第一个标准，即 3GPP（3gpp.org）命名的临时国际联合组织负责规范数据、机器人、汽车、飞机和农业机械在所有国家使用同一语言的标准。然而，该标准的实施在许多国家已经成为政治问题。因为无论是谁提供基础设施，即电线杆、发射器、接收器、分流器、加密算法等，都能够在世界市场上赚到巨额钱财。有几家公司在这方面特别擅长：中国的华为、芬兰的诺基亚、瑞典的爱立信以及美国的思科。除了经济政客，安全政客也对 5G 有话要说。因为这个网络不仅有很多软件组件，还有同样多的硬件。这些东西都必须定期更新并保证其不被攻击。由于在庞大网络中的众多组件中存在大量可攻击目标，因此对所有软件及其更新以及硬件进行全面保护几乎是无法实现的。

美国和英国政府阻止了中国制造商华为参与其国内 5G 的建设。目前为止在德国，我们要更加实际一些。一方面，我们作为出口国，我们既不想失去中国，也不想失去美国。另一方面，我们这儿普遍的观点是，网络中有很多组件，它们与安全的相关性低于其他组件，因此即使安全标准很高，也可以由华为等制造商来制造。

因此，5G 的快速扩张既是一个经济问题，也是一个政治相关度极高的问题。因为最重要的一点是，覆盖全国的网络还要确保公共行政、大学及研究机构、医院及基础设施公司能更快地交换数据并提供复杂的数字服务，并且还要确保基于快速数据的服务可以在如今尚未连接到快速电缆基础设施的地方进行开发和定位。这也是迫切需要的，因为在国际范围的比较中，德国的移动数据传输能力几乎不再具有竞争力。因此如果您的手机在越来越多的地方能够显示出 5G 的标志，您应该感到高兴，因为未来在这些地方也有可能出现远程操作、无人机导航、机器人控制或者数字商业。如果您对这些所有事物都不是那么感兴趣，那么您至少还可以因为现在能够更快地传输猫咪视频而感到高兴。

人们能够删除互联网吗？

"有人把互联网上的颜色删除了"，我的客户情绪激动地对着电话喊道。她根本无法冷静下来，不仅仅是因为她的网页现在只有黑白两种颜色。她有些不知所措，因为她工作的银行的营销总监应该在几分钟后就要来她的电脑前查看新网站。她为这家银行在网上创建一个新网页而日夜奋斗，并为演示报告做好了万全准备。她用全屏展示了新设计的网页，转动屏幕让整个团队都能看见，然后就发生了这件事。所有颜色都消失了，不仅是她的网页上，而是她尝试过的所有网页。想象一下，德国最大银行之一的营销总监发现他的同事在一个黑白的互联网上为一个网页耗费时间和金钱！毕竟这个人是如此强大，他甚至不用在线，因为他办公室前厅就能将他的所有电子邮件都打印出来！

20 世纪 90 年代，我在德国最早的互联网机构之一担任创意总监。我们建立了第一个有 5 个菜单项和公司内网的银行网站，其中唯一的亮点是每天更新的食堂菜单。没有人能研究我们在做什么，万维网太新潮了，还没有相关的培训课程。那时候的网页太少了，所以日报上甚至有网站目录的专题内容，还有打印出来电话簿大小的纸质"互联网黄页"，上面列出了所有可用网址及其内容。

基础设施的建设在那个时候就完成了，直到今天我们所知道的整个网络也建立在这个基础之上。这个基础设施的核心实际上是一个"互联网地址簿"，也就是所谓的 DNS 或者域名系统。它的任务是将人类可读的地址，比如说 www.holgervolland.com 转换为与网站所在服务器地址相对应的数字代码。人们需要这些服务地址，因为互联网的结构是完全分散的，尽管其地址保持不变，也需要经常在服务器中改变内容。

顾名思义，互联网实际上就是一个由许多独立网络组成的网络。当您在浏览器中输入页面地址时，您的网络供应商会首先查找下一个存储着解析名称的地址服务器，然后在那儿找到运行网站的服务器的编号组合（比如 http:/203.178.141.194），然后在您的浏览器和期望的目标服务器之间建立连接。这在世界范围内任何能够免费访问互联网的地方都能够奏效，因为有关哪些编号组合属于哪些地址的信息同时存储在许多不同的地址服务器上。即使其中一个目录服务器或者某一小片网络部分出现故障，这种分配仍然可以进行，因为另一台服务器会介入其中，以便您可以看到您调用的网页中所期望的内容。

反过来，这些内容可以位于世界上任意地方的任意服务器上。由于网络拥有数量众多甚至于称得上冗余的基础设施，同时每一个信息都分布在无数计算机上，因此删除互联网实际上是不可能的。

　　然而，有一小部分人实际上可以做到，他们能够让整个互联网看上去像是被删除了。他们是七个密钥拥有者。听起来像是哈利·波特系列的标题，但这可能是历史上最好的安全系统之一。这七个人是来自世界不同地方的男性和女性，他们作为杰出的、值得信赖的互联网安全专家在他们的生活中鹤立鸡群。他们每三个月在加利福尼亚埃尔塞贡多或者在弗吉尼亚卡尔佩珀会面一次。他们每个人都携带了一把电子钥匙，在一个被虹膜扫描、读卡器和指纹传感器等多重安全系统保护的房间里见面。在那里，他们使用自己的密钥和一个额外的中央密钥在一个公开广播的仪式上生成一个验证码。这个代码有效期是三个月，从美国分发到全球所有地址服务器。如果这个代码没有在三个月之后进行更新，那么当您在浏览器中输入诸如 www.holgervolland.com 之类的地址时，您和其他所有互联网用户都将收到错误信息，因为地址服务器在没有这个代码的情况下无法访问正确的编号地址。互联网看上去就会真的像被删除了一样，因为浏览器之间、浏览器和服务器之间无法建立连接。

　　顺便一提，连接问题也是多年前颜色突然从互联网上消失的罪魁祸首。这位客户在转动显示器时不小心松动了一个插头，以至于她的屏幕上只能显示灰度。我也在那时候学到了：没有人能够这么快地删除互联网！

数字革命何时真正结束？

对于我和我在数字机构的前同事来说，我们非常清楚数字转型时代是什么时候开始的。那一天，办公室里回荡着一句惊呼："卡尔施塔特（Karstadt）音乐大师（是一种交互式多媒体信息订购和广告媒体，展示了卡尔施塔特出售的所有音乐作品和视频）结束运行了！"这是一个类似于自动取款机形式的大型终端。这些柜子位于卡尔施塔特分店，人们可以在上面搜索音乐，甚至可以直接在这个设备上收听——这在 1993 年的设备中算是前所未有的新奇事物。但我们精心设计的音乐大师并没有运行多久，仅仅在它开始的几年后，办公室的一通电话就宣告了它的迅速终结。有些人希望这个电话只是意味着一些微小的困境，但不是，这些终端的最后终结已经被昭告天下，它预示着数字化的转型。发生了什么事？互联网迅速普及到个人家庭，导致客户不再需要去卡尔施塔特购买 CD，而是在家里就能下载他们所需的音乐。从百货公司到我们代理机构的订单当然也同时不复存在了。

在只有公司和当局使用计算机的几十年之后，在数字化转

型时代开始之前，数字化已经在几年前进入了个人家庭。到 20
世纪 90 年代末，一切都已经为一场大动荡做好了准备：很多人
都开始拥有和使用计算机，而互联网确保了他们与全世界联网
的低廉成本。

与此同时，数字化也对越来越多公司的经营模式产生了决
定性的影响：多亏了数字化的基础设施，转型的时代开始了。
一些企业错过了改变商业模式的机会而走向灭亡，比如坚持为
相机生产模拟时代胶片的柯达。其他公司，比如亚马逊，他们
之所以能够出现，是因为他们从最初就懂得了数字转型时期最
重要的规则：这不仅仅意味着将商业流程进行数字化以及为客
户提供在线商店，更重要的是，数字化工具必须创造出在模拟
时代的生活中并不存在的附加价值。比如对于亚马逊，他们会
建议另一些相适配的产品或者提供详细的来自客户的评价。随
着时间的流逝，几乎所有的商业企业都数字化了他们的商业流
程，今天，从保险公司到汽车企业再到出版社，它们都处于最
大的经济转型过程中，正在渗透到越来越精细的价值创造领域。
随着我们使用智能手机、平板电脑、联网电灯以及冰箱，这些
企业的数字化基础设施已经扩展到我们最深远的生活领域中。

但是每个时代无论何时总有终点。即使在某些人看来，数
字化的凯旋才刚刚开始，我也会问自己：数字革命的终结何时
到来？当每个私人家庭都拥有一个 Alexa，当所有企业都使用

聊天机器人与我们交流，或者当最后一个农场的拖拉机全都联网的时候，这个时代就结束了吗？

在 2017 年，技术协会 VDE 的成员企业预计，大部分转型将在 2025 年完成。他们的预测可能并没有错，因为事到如今我们的社会上只有很少一部分领域中的变革进程还没有很好地推进。在德国，这些相对落后的领域主要是医疗卫生系统、教育系统和行政管理系统。在这三个方面，数字化的突破性创新才刚刚开始。新冠肺炎疫情的流行也为这些领域提供了额外的动力，从而再次加快了转型进程的速度。因此，在短短几年内，我们所有的生活领域都将被打上数字化的烙印。

然后接下来呢？

也许我们会把下一个时期称为"算法革命"。因为数字化在每个家庭、每个红绿灯、每个企业以及每个农场都产生了如此大量的数据，只有算法才能对这样庞大的数据进行有意义的评估。下一步，算法还将接管它们已经掌握其相关知识的生活和工作领域。

或者我们将下一个时期称为"量子革命"？因为传统计算机系统上的算法可能已经不足以处理自动驾驶汽车、相互关联的城市或者全世界基因序列分析实验室所产生的所有数据了。目前唯一公认的处理这种前所未有数据量的途径是量子计算机，我们在本书的前面部分已经介绍过。您也许还记得，量子计算机使用量子位进行计算，这与数字计算机中的位不同，量子位不仅可以呈现两种状态之一（0或者1），还可以同时呈现出任意数量的状态。通过这种方式，它能够极大提高我们所需要的计算能力，以便计算机可以处理未来可能面对的难以想象的数据点数量。许多专家认为，量子计算机也有可能使科学取得根本性的进步，它可以解决当今时代即使是性能最强大的经典超级计算机都需要花费数百万年时间才能解决的问题。

然而，悲观主义者会插话说，德国还完全没有达到足够迎接数字时代的速度。他们说得对吗？

德国一觉错过了未来吗？

"德国、蒙古、乌兹别克斯坦和委内瑞拉政府约好了一次Zoom会议。谁会连不上网？"这是一个关于德国数字化现状的冷笑话的开始。德国人，以前是许多技术的世界冠军，现在看上去似乎是数字化的安眠药。

大多数统计数据都证实了这种偏见：比如，欧盟委员会2020年的数字经济和社会指数（DESI）显示，数字化程度仅有56.1的德国堪堪只是平庸水平。我们在28个国家中排名12位，而北欧国家遥遥领先。即使是在全世界进行比较，也有许多国家排在我们之前，比如美国、韩国、加拿大、冰岛或者日本。

尤其是在公共服务数字化和将数字化技术融入一般性商业活动方面，德国的排名不忍直视。高速移动通信的可用性相对较低且价格相对很高，这也拉低了排名。分析人士认为，德国表现不佳的一个原因是，长久以来在工程驱动型经济，比如机械工程或者汽车产业做得太好了。当人们做什么事做得太好的时候，就不想产生任何改变，以免危及现有的成功，所以，在过去的 20 年间，有太多国家与我们擦肩而过。现在，在大多数经济领域——甚至是在德国的王牌专业移动通行领域，软件都变得比硬件更为重要。这表明，回顾过去，我们依靠基于硬件的工业繁荣是多么危险。当谈到最重要的未来技术之一时，我们也不再处于最前沿：在人工智能方面，大量数据、性能强大的计算机系统以及性能更加强大的算法汇聚在一起。德国不擅长任何方面的大规模发展。到 2025 年，联邦政府计划提供约 30 亿欧元用于实施其人工智能战略。您知道中国仅在 2020 年就在人工智能领域投入了多少资金吗？700 亿美元。

还有希望吗？有，也没有。新冠肺炎疫情的流行也在德国广泛地改变了人们对技术的态度。以前仅仅将居家办公视为"旷工"代名词的企业，在数周之内改变了许多流程。巴伐利亚数字化转型研究所发现，在 2020 年中的第一波疫情之后，德国 43% 已成年且有工作的网络用户偶尔会在家庭办公，而在 2020 年底第二波疫情后，家庭办公率已有一半。中学和大学至少将部分课程转变成了数字化教学，这使得大多数母亲和一些父亲非自愿地成为教师角色，但是这至少表明，德国的教育也可以数字化。由于疫情，甚至远程医疗的普及速度也比以前快得多，2020 年上半年进行了数以万计的医生视频会诊——而在一年以前只有几百例。

这种繁荣尽管美好，但它给德国经济带来的好处有限，因为除了少数特例之外，新发现的德国人偏爱的数字产品背后赢家首先是美国公司。微软通过 Office 办公系统在家庭办公的转变中获益，新人 Zoom 也是如此，它的视频软件短时间成为最重要的虚拟会议室。谷歌办公程序和 WhatsApp 已经成为许多中学、大学和私人领域中易于使用的通信平台。网飞成为第一大娱乐媒体，亚马逊成为德国人最喜欢的配送服务。因此，由于数字化繁荣，更多的用户及其数据和订阅费最终流向了美国公司而暂时将仍然悲惨的德国数字经济继续抛在脑后。

德国擅长哪些未来技术？

好吧，德国并不是数字蛋糕上那根最亮的蜡烛，我们已经很清楚了。但是曾经德国不是出口冠军吗？德国没有优秀的大学吗？许多最前沿的德国中型公司，不是作为秘密的利基巨头在领导他们的行业吗？这个国家不是在很早以前就拥有最大邮购公司之一的奥托集团，而当时亚马逊甚至还不存在吗？这所有的一切难道一文不值吗？此外，当模拟时代的工作逐渐消亡，而新的岗位仅仅出现在创新领域时，我们又该在哪里工作？

让我们来看看，是否还有一些经济领域能让德国在国际范围内的创新比较中斩获一些分数。一个国家创新能力的重要指标，是在其境内注册专利的数量。对于贝塔斯曼基金会来说，未来技术中最常被引用和认可的"世界级专利"对这样的创新排名是最重要的。好消息是，德国仍然是欧洲范围内所有技术广度中注册专利最多的国家。但只是仍然。因为其他国家正在迎头赶上。在世界范围的比较中，情况已经有些惨淡，因为即使在德国以前的旗舰领域，比如工业、交通、环境和能源等，我们也面临着越来越大的压力。总共 58 项被调查的技术中，德国只有七项以第二名的成绩名列前茅，这些技术是风力发电、工业 3D 打印、精密医学、基因工程、疫苗和疾病研究。您有注意到什么吗？没错，这些技术中很少属于数字化和基础设施的增长领域。在那里，我们仍然在两项核心技术上排名前五，即人工智能和虚拟 / 增强现实。根据这项研究，我们的优势主要在于医学和替代能源的专利。

而在一年一度的彭博创新指数中，情况看起来没有那么糟糕，德国甚至在 2020 年登上了第一名。这里不仅计算了专利数量，还有其他的指标，比如研发支出、经济生产能力或者高科技公司的集中程度。德国获得第一名主要归功于汽车行业的实力。虽然它面临着与日俱增的国际压力，但与其他国家相比，它仍然具有很强势的竞争力并富于创造力——但这也是因为对它的投资占到了研发总投资的三分之一。

　　汽车工业以及替代能源、医学行业是目前大有前途的未来技术。德国不能就此止步。由于许多工业领域的价值创造发生了从硬件到软件的改变，因此有利可图的收益流也从生产转变到了服务。在本书关于移动出行的章节，我收集了一些例子来说明为什么德国汽车硬件的大型生产商不再是领先的创新者，而是来自其他国家初创企业和科技公司，因为从更早以前他们就宁愿专注于自动驾驶汽车、充电网络和操作软件，而不是开发效率仅提高 0.2% 的引擎。但是，如果德国强大的汽车行业在销售和市场份额上变得弱势，这也会继续对研发投资以及许多供应商行业产生负面影响。还有一线希望是，几乎所有大型汽车制造商以及供应商都收购了充满吸引力的国际初创企业和科技公司的股份，因为它们仍然拥有足够的资本进行投资。

　　医学作为德国拥有良好机遇的第二大创新领域，仍然面临着全球数字化的巨大浪潮。因此，最好从一开始就建立起在数字化发展领域的领先地位。

　　然而，最大的机遇在于，德国并不是将自己视为一个单独的国家，因为他与欧洲合作伙伴一起，是一个更大的创新联合体的一部分。因为在欧洲范围内，德国拥有出色的研究基地和不同科技领域的杰出科学家，比如汽车、工业以及医疗健康行业，以及在跨境研究合作方面的长年经验，这些因素都极大地扩展了德国的可能性。2020 年，彭博创新前十中就有六个欧洲国家。欧盟作为一个整体，在风力发电和功能性食品这两项技术注册的世界级专利比亚洲和美国还要多。同时我们还拥有一个巨大的、没有海关或者法律障碍的共同市场。这也能帮助我们为工业开发新的制造工艺。欧洲在 3D 打印拥有 28% 的重要专利，作为一种创新工艺，3D 打印技术无疑能使很多工业部门转向分散的、更快速的生产结构。这项技术也和德国在机械工程方面的专业知识以及德国制造业的世界市场领军者地位非常适配。把眼光放得更广阔一点，完全没有必要害怕未来。然而，员工个人所面临的宏观经济挑战也很明显：只有通过及时投资新技能才能成功适应转变。扩大视野，我们来看看整个欧洲地区。

我们会与人工智能财政部部长一起节省税收吗？

正如我们所看到的，我们对于政府的数字化程度绝对会有合理的怀疑。但是，我们的税务局、职业介绍所或者卫生部门有望通过数据和算法为公民提供更好的服务，这也只是时间问题。比如我们的税收制度只能非常缓慢地适应社会变化。在公平征税的问题上，意见有分歧非常正常，这需要在改变之前进行长时间的讨论。

因此，一些科学家正在研究技术是否能为税收制度提供比政治更为客观的基础。比如，他们正在研究企业用来决定完美旅行价格的算法是否也可以用于金融领域。人们能不能让人工智能来决定，谁要交多少税款？这样一来，目标是建立一个在纳税人的付款能力以及国家要求之间寻求长久平衡的动态模型。就像算法通过机器学习准确找出我能为一台相机所支付的价格一样，他们也能够计算出，在我成为罪犯、逃税、进行失业登记或者在下一次选举中将政府推入地狱之前愿意支付多少税款。

除了个人支付意愿之外，人们还需要在这种模型中考虑其他因素。比如生活成本、不同收入水平之间真实存在的或者感知上的不公平，或者纳税人到底愿意把钱花在哪些费用上。到目前为止，它在理论上是这样运作的：公民收入越高，国家从他这里收缴的钱就越多，然后要么将钱直接分配给国家福利系统，要么间接分配给各个机构以及项目。这里的问题是，过度征税可能会导致人们不愿意赚更多的钱来支付更高的税款，或者他们会寻找其中的漏洞，这也会缩减整体税收。

这些因素构成了算法控制的税收系统中所有考虑的起点。其中一种想法给我的印象很深刻，因为它将非常复杂的任务转换为模拟游戏。在这里算法作为一个独立的参与者，彼此之间采取行动，并观察它们对不同变化下的框架条件产生的行动和反应。美国公司 Salesforce 的科学家为一个名为 AI 经济学家的模型选择了这种有趣的方法。这种模拟的目的是建立一个可以不受给政治朋友税收礼物的影响，并且能够客观地评估对整个社会的最佳影响的税收制度。"让税收政策受到更小的政治影响而更多地由数据驱动，这是很棒的事。"团队成员亚里克斯·特罗特（Alex Trott）这样解释了这一尝试背后的动机。

这个商业游戏是这样运作的，算法演员们生活在一个二维世界中，在那里收集木材和石头，然后使用这些资源做生意或者用它们建造房屋并以此赚钱。这些演员的专业性也是不一样的：技术水平较低的"工人"学习到，他们更擅长收集资源；而技术水平较高的"工人"学习到，他们更擅长购买资源建造房屋。政府也是由一个算法来模拟的，它在模拟的一年结束后以它认为理想的税率向所有工人征税。税收应该使所有工人以及这个国家的生产力和收入都理想地增加。

人工智能将这个商业游戏模拟了上百万次，并且在每一次结束后都改进其结果。在相对简单的第一次运行中，对于全体纳税人来说，算法已经比传统的由经济学家设计的累进式税收体系要公平 16% 了。有趣的是，在这个实验的进一步发展中，这些算法演员们学会了我们在真实生活中能观察到的类似的策略：比如，一些人工智能工作者为了获得较低的税率而降低了它们的生产力。一旦得到了低税率，它们会立即再次提高生产力，以便在接下来的时间里获得更多的净收入。但是算法财政部部长也学到了新东西，并重新分配了纳税义务。在这个商业游戏结束的时候，它生成了一个相当不寻常的税收政策：这不是让赚更多钱的人们缴税更高的完全累进式的税收政策，而是将最高的税率分配给了最富有以及最贫困的人，将最低的税率分配给了中等收入者。这乍一听上去很荒谬，但是当科学家让真正的人类来重新模拟这个游戏时，他们的行为与人工智能非常相似，这两次模拟最终都产生了一个比现实中大多数国家贫富差距都更小的社会。这个模型由此成功地创造了一个与目前全球发展反其道而行之的趋势：有能力的中产阶级得到了明显的加强和壮大。

但这样的模型还是相对较为简单。一旦我们将现实世界集中起来的数据提供给它，结果就会相应地变得更加复杂和难以理解。但是，这个商业游戏很好地表明了，金融算法并不总是必须损害客户的利益——或者在这个例子中，公民的利益。相反，使用人工智能在国家内寻求更多的公平可能是一个有趣的领域。但是在此之前必须搞清楚的是，科技巨头是否也必须承担更大份额的税收负担，包括这个模拟游戏的制造者 Salesforce 公司，也在过去被税收与经济政策研究所指控其获得了利润但是并没有缴纳任何税款。

为什么数字公司几乎不向我们纳税？

当然，总的来说，企业缴税对大部分国家来说（可能除了梵蒂冈）不仅是一件关乎公平的事情，更是出于经济需求。因此，当企业巧妙地通过来回转移销售额、利润和成本来逃避它们公平份额的国家财政支持时，许多人都对此表示谴责。例如，尽管杰夫·贝索斯（Jeff Bezos）的集团在2018年的利润可能超过了110亿美元，亚马逊在2017年和2018年没有向美国缴纳一分钱的所得税，反而因此获得了1 371.29亿美元的退税。根据美国税收与经济政策研究所的一项研究，2018年一整年，有多达91家公司没有从他们来自美国的收入中缴纳任何联邦所得税。除了亚马逊，这些公司还包括雪佛龙、哈里伯顿和IBM。

在德国，很多人也发现一个问题，即使亚马逊、谷歌、脸书和苹果在我们的国家获利非常可观，但它们缴税很少，或者根本不缴税。这个情绪化的话题经常出现在会议的讨论中。应该尽快采取措施，在德国产生的销售利润劳驾也在我们这儿缴税！这个乍一听似乎公平又正确的做法，仔细观察后可能对德国财政并不是一件好事。

在20世纪20年代，国际联盟一致决定，公司应该在其所在地缴税。这理应确保其生产地周围的基础设施使用能够得到所缴税款的支持。因此，德国企业比如宝马、大众或者其他大型出口企业主要是向其公司所在的地区缴税，而不是向他们售卖产品的地方缴税，比如中国、美国以及很多其他国家。如果坚持改变国际税收制度，让数字公司不仅在他们的所在地，而且还在他们销售产品的地方缴税，德国就会搬起石头砸自己的脚。因为作为一个出口顺差很高的国家之所以发展得这么好，正是因为德国把这些出口产品的大部分税收都留在了自己国内。根据哥本哈根经济学（咨询公司）的一项研究，如果税收制度发生变化，德国会损失高达 17% 的企业税收。即使亚马逊、谷歌、苹果和其他公司继续不向我们缴税，只要德国还能成功地向其他国家出口汽车或者机械，那么目前的税收模式还是足够有利可图的。

亚马逊靠什么赚钱？

"亚马逊对其所有者是不是还有价值，因为那里提供的一切东西都这么便宜？"最近一次活动上有一个学生这么问我。不要笑！鉴于这家贸易巨头的股东多年来一直在关注这个邮购公司是如何做到没有利润或者只有很少利润的，这个问题其实很聪明。但是这个问题产生的原因并不是亚马逊经营得不好，而是因为这家公司把它的盈利立刻投入到进一步的发展中。多亏了这项策略，亚马逊已经成了世界上最大的在线经销商，我们可以在这里买到从灯泡到有机黄瓜的所有商品。从 2019 年 7 月到 2020 年 7 月，这家公司通过运输自己售卖的货物达到了 1 630 亿美元的销售额。除此以外，它还通过接管亚马逊市场上其他卖家的物流赚取了 630 亿美元。与此同时，亚马逊还经营着一些实体店，完全自动化和取消收银台的做法非常引人注目，这些店面也创造了 170 亿美元的收入。此外，通过 Prime 会员制度为用户提供更好的运输、音乐和视频内容等优质服务，也为它带来了 220 亿美元的收入。所有这些业务一起产生了巨大的销售额，但这也导致了高额的成本，因此它最终只构成了公司总体盈利的一半数额。这位学生提出的问题引出了一个令人兴奋的话题。

很少有人知道亚马逊另一半利润的来源。在这个数字化的、全球的商业领域，这家公司的 logo 甚至一次也没有出现过，尽管所有人每天都要接触好几次它的服务。事实上，如果这个神秘缩写为 AWS 的亚马逊业务不再存在，那么一半的互联网都将无法运行。Zalando、拜耳、飞利浦以及大约 80% 的 DAX 指数公司、政府当局以及公共机构都在使用 AWS。如果没有 AWS，您将无法再听到柏林爱乐乐团的音乐会，不能再看网飞的连续剧，也不能在 Expedia 上预订旅行。AWS 是亚马逊云服务（Amazon Web Services）的缩写，类似于一个可供出租的互联网基础设施。从2019年年中到2020年年中，该集团以此服务赚了400亿美元。AWS出租网络容量、任意规模的存储空间、配备一个公司所需一切程序和工具的虚拟服务器、机器学习和大数据的应用程序以及客户管理或者客户交流。包括很多我们使用的云服务，也只是表面上是其他公司的品牌，但其后台完全在AWS存储器上运行。

许多产品对亚马逊的依赖如此巨大，以至于一些记者说它是互联网的"支柱"。有了AWS，企业可以提供绝大多数数字服务，而不再需要事先投资自己的服务器基础设施或者编写自己的应用程序。当亚马逊的算法学会辨认照片中的人与物时，这个功能很快就会被全球所有AWS客户用到自己的产品中去。这样一来，比如一家连锁卫生用品商店可以为其客户提供照片存储服务，能够自动将快照归入特定的类别中，比如"花园派对"或者"出生"。不管是在线存储还是用于识别对象的后台程序都来自AWS并根据使用情况进行结算，只有面向客户的前端网站必须由公司自己来设计。这种无须大量投资的可扩展性使这些服务对AWS客户来说极具吸引力。

很多这家集团的批评者指责在线邮购已经凭借其市场力量大规模地破坏了许多零售领域，比如邮售商店、百货公司或者书店等。对此我们应该更加尊重尚不为人知的AWS的部分。

如果没有这个基础设施巨头，我们目之所及的互联网的很大一部分以及全球范围内不少政府服务都将无法运行。难怪，数字公司这种权力的积累会招致要求对其进行瓜分的批评者！

脸书消失会给我们带来什么？

随着扎克伯格集团的每一个新鲜丑闻被曝出，要求它被政治、互联网和媒体粉碎的言论迟早都会出现。这种热切的愿望从何而来？对于我们顾客来说，脸书的消失又会意味着什么？

想要逃脱脸书或者 WhatsApp 和 Instagram 几乎是不可能的。这要归功于巧妙分散在互联网中的工具，比如任意页面的点赞按钮或者脸书的单点登录按钮，人们可以用这个按钮使用脸书账号密码登录其他第三方服务，当然与此同时我们的个人数据也被透露给了网站运营商。显而易见，脸书无处不在，但是这显然也不是刑事犯罪。那么为什么脸书的消失会是好事呢？大部分批评者持有这样两个观点：第一，人类历史上从来没有一个机构收集了超过 50 亿人口的个人数据，而它们极有可能被滥用。第二，几乎没有一家数字公司像它一样经常被指责不负责任、丑闻缠身、泄露数据以及违背承诺。

即使脸书迈着小碎步走在透明化的道路上，甚至还成立了一个独立机构来监督数据保护，但是最根本的问题仍然存在：

这个康采恩强大到了危险的地步，但同时也极易受到攻击。如果人们仔细查看这家公司收集到的关于我们的数据，就会明显地感觉到全世界没有任何一家别的公司或者部门（除了谷歌以外）可以与之相比，它对我们的朋友、同事、家具用品、度假目的地、体育活动、媒体消费、合作伙伴、偏好、兴趣、工作以及休闲活动如此了解。著名的奥地利数据保护家兼律师马克西米利安·施雷姆斯（Maximilian Schrems）已经在2011年迫使脸书公布了收集到的有关他的所有数据。短短3年时间，他就收集到了1 200多页A4纸大小的他的个人信息。当我们一起参加一个专家讨论会的时候，他告诉我，他不仅是对信息量感到震惊，更震惊的是那里有他以为早就删除的信息。从那以后，施雷姆斯就成了针对以脸书为首的美国各个平台的最突出的批评者之一，因为它们的数据保护标准对用户极不友好。最近，在他的推动下，欧洲法院推翻了欧盟与美国之间的隐私数据保护协议。

不只是他一个人对脸书持此种观点。世界各地有许多相同的声音，对他们来说公司的数据力量已经变得令人难以置信。互联网的创始人之一克里斯·休斯（Chris Hughes）呼吁将其拆分，美国参议院议员伊丽莎白·沃伦（Elizabeth Warren）以及第一批脸书投资者之一的罗杰·麦克纳米（Roger McNamee）也持这样的观点。欧盟竞争委员会专员玛格丽特·维斯塔格

（Margrethe Vestager）也明确表示："公司发展到如此规模也意味着应该承担特殊的责任。"她还要求平台做出有利于用户的改变："我们想要创新，但要在人道主义的前提下进行。"拆分这个集团意味着脸书将独立于 WhatsApp、Instagram 和其他几个隶属于该集团的公司。美国政府已经与 48 个州一起对脸书采取了法律行动，这是合乎逻辑的。政府认为，收购 WhatsApp 和 Instagram 违反了竞争法。其背后的希望是，其他供应商也能获得实实在在的机会。对您、我以及其他所有客户来说，更多的竞争意味着更多的选择，更重要的是，供应商会更注重以我们的需求为导向，因为我们很容易就选择其他竞争厂家。

但拆分它不会那么容易。甚至法律的可能性这一议题也引发了问题。因为为了分割一个通过其垄断地位而对消费者产生不利影响的公司，人们首先必须证明其经济垄断以及相应造成了哪些不利。广告垄断是不存在的，因为在同一细分市场中还有足够多的其他公司。此外，脸书也从来没有滥用它的权利给消费者抬高价格，因为所有服务都不会直接让我们顾客花钱。美国司法委员会中的反垄断、商业和行政法小组委员会在一份长达 449 页的报告中指出，科技巨头亚马逊、苹果、脸书和谷歌已经充分利用了其市场力量来进行比如收购潜在竞争对手等活动。在这份报告发布之前，他们进行了 16 个月的调查、调研 130 万份文件以及参加了公司高管的听证会。调查委员会最终得出结论，必须限制公司权力。

在这份报告出台之后对谷歌的具体调查可能会是一个对扎克伯格集团的警告。司法部指控谷歌非法保护搜索广告的垄断地位，并准备好了进行长期法律诉讼。德克萨斯州和其他九个州已经提起诉讼，因为该公司控制定价并干涉了市场协定。

联邦反垄断机构 Bundeskartellamt 于 2019 年 2 月认定，脸书利用其作为社交网络足以掌控市场的主导地位，在脸书、Instagram、WhatsApp 和其他来源（比如带有点赞按钮的网页）中收集了太多用户数据而用户根本不能对此提出异议。然而几个月后，杜塞尔多夫地区高等法院又再次取消了 Bundeskartellamt 所要求的修正案，因为它认为数据保护和反垄断法的混合是不可接受的。这件事情再一次证明，目前的政治武器对于数字垄断者来说并不完备。

因此，联邦经济部也在努力修订反垄断法。这包括三个核心方面：第一，禁止脸书、苹果或者谷歌等市场主导平台的普遍做法，比如偏爱或者混合他们自己的服务，如搜索引擎和地图服务的混合；第二，当第三方公司进行维修或者维护服务时，他们也应该拥有访问大公司客户数据的权限；第三，不应该再阻止客户使用竞争公司的平台。同样的，欧盟委员会也有着类似的"数字服务法案"和"数字市场法案"计划。这一发展趋势乍一看是对客户非常友好的，但是也伴随着新的问题：比如，苹果应用商店的安全性之所以如此之高，就是因为该企业以铁一般的录取流程筛选程序员而且不允许任何竞争对手入驻商店，因为其中可能会有恶意软件。

这些挑战都清楚地证明，实施监管的可能性与跨国互联网公司及其服务的现状并不完全相符。

我们用户是能够对脸书及其体量巨大的朋友们采取行动的最强大的监督力量。通过集体告别并停止使用这些服务，我们也许可以收回这个公司的商业基础——我们的数据。但是任何一个尝试过这样做的人都知道这有多困难。作为完全没有替代产品的服务，通过政治来分割这个集团也许是更好的方式。但是如果脸书的权力被打破，我们能够得到什么？

对于我们用户来说，如果我们的数据不再自由地在Instagram帖子、WhatsApp消息、脸书的时间线以及脸书的数字货币实验室"Diem"之间来回流动，那么额外的数据保护将是我们的初步成功。正如您在本书其他地方读到的那样，更少的数据也意味着在线零售商店中更公平的价格。如果脸书的合作伙伴以及它们的点赞按钮也不再是大型数据收集的一部分的话，一般来说我们的网络活动就能获得更多的保护以避免我们的数据被使用。而在面对能够揭示我们健康状况的基于算法的性格分析时，我们也会更安全一些，因为它同样能够揭示我们的性倾向、资产或者家庭关系。

在社会层面上，如果该集团的付费客户不再能够同时使用所有服务以及同一个数据池，就能更好地防止操控、歧视、仇恨言论以及通过社交媒体上的广告影响政治的舆论的形成。如果每个公司都因为他们面临着来自其他公司更加激烈的竞争而不得不更快、目标更明确地追查网络犯罪时，这些犯罪很有可能会减少。而在更小的单位中就能够更方便地审查他们的数据存储以及基于用户数据的商业模式，正如当时的司法部部长卡特琳娜·巴利（Katarina Barley）在一篇针对马克·扎克伯格的文章中所要求的那样："我们不能指望脸书自己做到最好，而必须对它进行审查。"如果除了垄断资本家还能有新的来自欧洲的供应商或者服务的一席之地，那么首先就会产生非常巨大的经济利益。

无论如何，政治似乎也正在为限制数字集团的权力这一严肃的行动而升温。这就是为什么本书的最后一轮发问是专门针对这个话题的。

09

CHAPTER

政治：政治落后于网络资本主义

在数字化方面，政治是否仍然落后？

对肖珊娜·佐伯芙（Shoshana Zuboff）来说，没有什么比民主更重要。她在推特上写道："朋友们，监视资本主义还很年轻，只有不到 20 岁。然而民主是古老的，根植于几代人的希望和竞争之中。这'第三个十年'可能会决定我们的命运。是我们让数字未来变得更好，还是数字未来让我们变得更糟？"

这位哈佛大学的教授在谈论的正是数字世界中最大的挑战之一：在数字化的第三个十年里政治与数字化经济之间的赛跑。科技公司乐于最大限度地创新，并且得益于健康的股票市场在近年来拥有大量的开发预算，因此发展速度非常快。与之相反，政治完全跟不上它的速度，无暇顾及数字化经济对民主和社会有哪些不同的影响和可能的危险。佐伯芙用她著名的"监视资本主义"这一论题向数百万人解释了数字经济是如何运作的：它从企业中产生，企业吸引了大量资本，并将其中最重要的资源进行增值：即这些企业作为免费商品使用的我们的数据。通过收集数据以及监控数据流，它们可以了解我们在当前以及未来的行为，然后操纵我们的行为并利用它做一笔更好的生意。

在佐伯芙女士和其他专家的密切观察下，数字经济可能会发展成为一个几乎具有不可思议力量的系统，而政治家也可以在其中发挥作用。因为如果我们现实一点：除了中国、韩国、新加坡或者爱沙尼亚等少数几个国家之外，几乎所有地方的政治都落后于数字经济的发展。一切政府都依赖于其公民的经济安乐，这大部分是由繁荣的资本市场推动的，而这进一步又是由数字公司领导的，他们的股票价值是宝马或者汉高等强大工业公司的数倍。长期以来，数字经济的增长奇迹对政治来说是如此重要，以至于它忽略了数字经济的深不可测以及它会带来什么样的后果。直到现在，迫切性变得不容忽视，政治才开始慢慢干预。

数字公司现在变得如此庞大和强大，是因为仍然缺乏政府的调控。而这需要知识、意志和工具。多年来，关于数字商业模式的知识连政治家们都了解得非常有限。赫尔姆特·科尔（Helmut Kohl）认为信息高速公路是一条柏油路，安吉拉·默克尔（Angela Merkel）认为互联网在很长一段时间内都是"未知领域"，一位美国政客严肃地询问马克·扎克伯格，脸书到底是怎么赚钱的——因为脸书上一切都是免费的。扎克伯格有点不知所措，然后回答说："我们是打广告的。"

此外，在很长一段时间，政府都不愿意对其进行干预，因为监视资本主义制度显然对每个人都有好处：我们用户免费获得了很好用的工具和内容，公司变得强大且富有，经济飞速增长，这反过来又哺育了政治。但是目前开始出现来自多方面的反抗，越来越多的用户和客户开始抗议，因为数据保护长年以来被完全忽视了。除此以外，公司通过数据收集建立了对社会来说毛骨悚然的知识垄断。数字化的第一个后果现在也开始显现，即传统公司不得不大量进行裁员。以及最后一点，政治希望最终能以税收的形式获得一部分巨额利润。

最后至关重要的一点是，国家的调控需要趁手的工具，对数字公司来说这包括税收、版权和竞争法等等。然而现在所有这些工具都来自前数字时代。这不会降低它们的可用性，但是它们必须进行调整，有一部分甚至需要更新或者创造性地去使用。如果迄今为止判断企业是否垄断是根据它有没有通过其市场主导地位强制执行厚颜无耻的零售价格，那么 Meta 和谷歌的拆分就很难进行下去。因为这些公司几乎什么都是免费的，并且过去也不存在知识垄断或者数据垄断之类的现象。在这个过程中，数字公司造成了前所未有的知识不对称以及通过人工智能生成的知识处理工具，而这些工具的目的正是创造新的不平等形式。由于它们处在数据收集和处理的垄断地位，其他公司几乎很难在同一市场取得成功。

政治仍在追逐数字经济，因为它缺乏科学技术知识并且通常比企业拥有更少的资源。第一个缓慢的监管趋势开始在各个国家萌芽，这甚至跨越了国界，因为即使在欧洲内部，对监管措施的应用也有各种不同的看法。

"是我们让数字未来变得更好，还是它把我们变得更糟？"佐伯芙女士问道。

我们每个人都必须回答这个问题，同时为了更积极的数字未来而共同努力。因此在本章接下来的几页中，我们将着眼于智能世界中政治的各个方面。我们将关注数字化对法律制度、政治舆论形成以及公共安全的影响。我们会看到，政治活动家何时在运转良好的数字机器中变成砂砾。政治是否能够展现出与数字经济一样的发展速度，目前还不得而知。德国不应该单打独斗，欧洲的联合会让这一切更有意义。

有一种欧洲特色的数字化道路吗？

本书中我们已经多次遇到了人工智能突破的三个成功因素：高性能的计算机硬件设备、快速复杂的算法以及海量的数据。

凭借这三个要素，美国和中国已经成为这一关键技术的领头国家。由于巨额投资，最大的服务器园区和最强大的计算机都位于这两个国家。公司和大学都能够接触到设计出日益复杂的数字产品的数据专家或者计算机科学家。

在中国和美国两个系统中很快出现了一个共同的缺陷：理想情况下，数据保护和用户保护顶多被企业视为一种有必要的恶心事儿，但大多数时候都被认为是一种没有必要的负担。这就是欧洲想走所谓"第三条"数字化道路的由来。欧盟已经跟不上这两个先驱者的发展速度了。但是，在一个数据保护对许多人来说有着越发重要的作用的世界里，欧盟正在思考自己的价值观：公平、每个人的参与以及安全。因此，经济事务部指明了一条新的道路，即数字化发展的必要框架："必要的是数字化方面的'欧洲制造'……它遵循着竞争需要秩序的战略：尽可能多的数字化竞争，但同时……为公平、法律保障以及人们的参与机会设定框架。"

凭借这一战略，欧洲在短短几年内就成功在用户友好型的监管问题上处于全球领先地位，以保护数字空间中公民的自由和权利。这方面的例子包括在全球范围内受到积极重视并被争相效仿的通用数据保护条例（DSGVO）、欧洲网络安全法案以及新推出的欧洲供应商通用云基础设施倡议，Gaia-X 云计划。后者正好说明了，欧洲道路的本质核心是什么，即在这个平台理念下，用户是自己数据的持有者，并且可以在每个供应商之间毫无障碍地随身携带这些数据。

此外，个人数据必须在相关规定的基础上得到供应商良好的保护。再次，将专门为匿名的、非个人相关的数据建立一个欧洲范围的数据空间，即一个内部的数据市场，在这里，管理部门、企业、科学机构或者初创公司可以自由地访问这些数据。这些措施都保证了，欧洲不会因为缺乏数据而落后于美国和中国。

我真的很喜欢这个第三条欧洲特色道路的想法。事实上我们不仅可以用这种方式赶上两个在数字化领域遥遥领先的国家，而且可以避免很多错误，从而创造出更加人性化的数字化形式。但是，欧洲道路的成功当然首先取决于这个共同体中的每个国家和企业具体的实施和支持情况。许多美国公司对此表现出了兴趣，想通过用户安全的扩建来维持自己在欧洲的市场份额，这也给我们带来了希望，欧洲特色道路能够少走弯路，然后造福于世界其他地区的人们。最后，这条道路的成功同样取决于我们用户也参与到这些产品中来。鉴于美国产品的主导地位，这也需要我们具有灵活性，从长远来看，它被证明是一种无可替代的好处，尤其是对我们的隐私来说。

我不是想在这里呼吁保护主义：在置办下一个云存储或者电子邮件供应商时您可以看看，是否能够找到一个欧洲的解决方案。我们所有人的数据保护都会在未来感谢您。

即使戴着太阳镜，监控摄像头也能认出我吗？

几年前，英国一项研究的专家在柏林的公共场所发现了超过 4 万个摄像头。这里面包括地铁站和电车站的安全摄像头，警察局的监控，红绿灯、建筑物和公共场所的监控摄像头。这还没有加上无数私人摄像头，它们同样在我们进入商店或者经过一处房产时记录下我们的脸。但柏林在拥有最多监控摄像头的城市国际排名中仅位于第 19 位，伦敦在第 6 位。公共视频监控在世界范围内迅速发展，并在一些国家以每年 20% 的速度增长。

在这些城市平凡的一天里，我们的脸有可能被拍照或者摄像达数百次之多。仅凭录音是无法识别我们的身份的，因此将照片和影像通过一个软件进行分析来识别出个人身份是有必要的。但是，如果我们根本不想被这样对待呢？因为我们担心我们的行为会以这种方式被广泛监视。或者因为我们知道面部识别功能还不够完善，我们有可能会被错认为是某个在逃银行劫匪或者土耳其反对派活动家。

您可能会想：那我只要戴一副墨镜就行了，相机就认不出我了！这有用吗？遇上使用早期监控技术的简单系统，这种方法是没问题的。以前的程序将您脸上的突出区域（比如眼睛、鼻子或者嘴巴）确定为测量点，然后它们会计算这些测量点之间的距离，然后从您个人独特的矢量中获取数据。这种方法的问题在于，矢量当然会随着每一次头部的移动或者倾斜而改变，然后就不能清楚地进行归类。虽然这个问题可以通过保存每个人许多不同姿势的照片来解决，但是在日常生活中，这些系统非常容易出错，也不能可靠地识别出移动中的人。仅仅是戴了一副墨镜或者换了发型，或者遮住一只眼睛，它们就会出错。

因此，现代分析方法使用了您脸部的 3D 模型。如果您有一部可以通过人脸解锁的手机，您就知道这个过程。这个方法中，设备发出不可见光，从而将红外光谱中的数千个点分布到您的皮肤上。然后，一个软件会测量这些单个点之间的距离，从而计算出脸部的 3D 模型，它在不同的角度和面部表情下也能运行良好。这就是您在仰卧、歪头或者大笑时也能解锁手机的原因。为了保护自己免受这种进阶面部分析的影响，一个普通的太阳眼镜已经不够用了，人们必须寻求技术支持。在几年前，防红外线太阳眼镜已经上市了，它可以反射相机的不可见光，因此使脸部看起来只是一个大亮点。

高分辨率的相机可以更精确地识别出人脸。该系统甚至可以测量毛孔之间的距离，除非您戴着覆盖整个面部的狂欢节面具，否则很难糊弄它。但即便您戴着面具，您仍然可以被最先进的安全摄像头识别。因为除了面部，它还可以分析个人的其他特征，针对每个人不同跑步姿势的测试已经成功了。人们还可以使用相机记录和分析您身体某个特定部位（比如脖子）的典型心跳，甚至人们的耳朵形状和手臂上的静脉纹路都可以用来识别身份。如果这些公共摄像系统足够智能，我们几乎没有办法避免被它们识别。幸运的是，关于此类系统是否能够继续在公共场所投入使用，仍存在着激烈的政治辩论。

算法到底是怎么认出我的脸的？

严格来说，反对监控技术的人都不应该拥有任何一个社交媒体账户。因为近年来社交媒体已经成为人们肖像照片以及视频的重要收集点。比如 Clearview 公司就在脸书和推特的个人资料、油管以及其他网站上收集了 30 亿张照片和个人数据，而公众是在若干数据泄露和丑闻发生之后才注意到这种可能性。《纽约时报》在一项研究中揭露，这些收集到的被用于面部识别的数据不仅被数百个政府当局和企业使用，而且被提供给该公司创始人本人、投资者及其商业伙伴使用，他们利用软件识别出参加派对的客人而取乐。同样的把戏，人们还可以在俄罗斯软件 FindFace 上找到，该软件在几年前很认真地在电视上打广告，一个男人在咖啡馆里扫描一个邻桌女性的脸，以便找出她是谁，然后在俄罗斯版脸书——Vkontakte 上跟她搭讪。

后数字时代 🚶

　　虽然这些平台一再控诉此类数据收集者，还设置了技术壁垒以阻止照片提取，但是，收集和处理数据仍然是很多想靠用户个人数据赚钱的科技集团的主体业务，它们并不拘泥于此。视频门户网站 TikTok 的运营商中国公司字节跳动因为非法收集 13 岁以下儿童的个人数据和照片并将其出售给数据收集者而不得不在美国法院出庭应诉。油管因为被指控非法收集和售卖 13 岁以下儿童的个人数据而支付了一亿七千万美元的和解罚款。IBM 使用了数百万张来自 Flickr 平台的脸部图像来编写算法的训练集。凭借 Rekognition，亚马逊运营着自己的面部识别系统，可以提供给亚马逊网络服务的付费客户使用。

　　该公司在广告中对其应用领域毫不掩饰："除此以外，亚马逊 Rekognition 还提供高度准确的人脸分析和人脸搜索功能，您可以使用这些功能识别、分析和比较人脸，以进行各种用户检查、人数统计和公共安全方面的用途。"如果超市、银行或者执法机构这类用户安装了 Rekognition，亚马逊就会允许算法访问其存储的面部数据并且在客户每次使用该软件时都从技术层面收集更多的数据，即使这种做法是被官方禁止的。亚马逊为其商业客户宣传他们生产的算法的质量，"能够通过机器视觉功能（Computer Vision）为 Prime Photos 每天分析数十亿张图片"。Prime Photos 是一项服务，亚马逊 Prime 客户可以用这项服务在亚马逊服务器上保存不限数量的照片。为了避免自己的照片被

318

分析，客户必须主动关闭图片识别功能。

微软、谷歌和许多其他公司也运营着类似的服务并且拥有庞大的数据库，所有乐于在互联网上发布自己、家人或者孩子照片的人，使用 Fickr 或 Prime Photos 等照片服务存储照片或者在社交媒体上分享照片的人，他们的脸都在这个数据库里。由于系统五花八门，所以外行很难去验证，用户数据是不是真的只存储在各个应用程序里，还是由于面部识别服务框架也作为其他客户的培训数据或者比较数据来使用。供应商的网页上写得并不清楚：在针对用户的营销页面上，通常会指出数据保护或者高度"尊重隐私"。但是如果人们通读一下使用条款，就能在其中找到广泛的授权利用，几乎能够将内容以各种方式进行使用。

这就是全球范围的人们开始抗议身份信息被用于商业活动的原因。尤其是警方和调查机构的使用遭到了全世界各国人民越来越多的批判。许多大公司，包括亚马逊、微软和 IBM，因此限制公共权力机构使用数据，直到出台了明确的法律规定。但这并没有改变许多数字公司的基本商业模式是出售我们的数据这一事实。

我们消费者是无法避开这个系统的，除非我们不使用这些平台或者——如果有可能的话——关闭所有分析选项。但即便如此，如果通读使用条款，我们总会发现一些可以让公司毫无限制地使用我们上传的数据和图片的表述。在过去的几年里，这对我们来说主要还是理论上的威胁，但是当这些照片被用于面部识别软件的训练和比较时，这些条款事后被证明是非常实际的问题。

因此，与此相关的一个明智措施是始终对网页上、社交媒体资料或者照片商店中自己的照片、视频和数据谨慎使用。定期删除，或者使用通过用户订阅产生盈利而不是通过售卖数据产生盈利的付费服务也是有意义的。我们的数据在互联网上的传播范围有多广并且有多容易被找到，我可以用我自己的一张照片来向您证明。为此我将一张有我本人面部的小照片上传到供应商的人脸搜索中，这张照片以仰角拍摄并且非常模糊。在一秒钟之内，这个平台就找到了很多年以来数百个我本人出现在照片中甚至视频中的参考位置。大多数位置出现在社交媒体的帖子以及我做过报告活动的网页上。这些位置是我知道的，另一些位置则指向了未命名的开放数据库或者一些有我在场的照片，尽管我对此一无所知。对于我来说，主要是一些会议，但是当然也有可能是政治示威或者私人庆祝活动。在这之后我还发现了一些位置，这些位置上面根本没有我出现，而是另一个完全陌生的、被面部识别程序宣称是我的男性：这里面包括一个阿拉伯商人和一个土耳其政府反对派。

这些错误的搜索结果是最让我担心的，它们也展示了带有负面效应的人脸识别对我们的生活产生负面影响的速度有多快。毕竟谁能告诉我，土耳其边境控制系统有没有使用这个算法呢？如果我和那个只是和我有一点点相似的土耳其政府反对派联系在了一起，那么我很可能会被拒绝入境，或者土耳其的安全摄像头会把我标记为政府的潜在反对者。

因为世界各地都安装了越来越多这样的摄像头并且更倾向于访问保存了最多个人资料的数据库，因此，将我们自己上传图片和视频的数量保持在较低水平，并且保证我们的数据只能在公共场所的少数几个地方被收集到，这样才符合我们的最佳利益。

为什么我们还不能在线选举？

在 2020 年新冠肺炎疫情肆虐的夏季，北莱茵 - 威斯特法伦州通过邮寄投票参加地方选举的人数前所未有之多。这没什么奇怪的，因为投票站在短时间内经常有很多人光顾，而他们通常使用同一支笔和同一个投票阁。美国的总统大选也是如此，为了避开选举日的人潮拥挤，选择邮寄投票的人比前些年要多得多。邮寄投票是一件相当费力的事情，必须先打印文件然后邮寄，然后又会被寄回来统计入票数。

通过软件或者网络投票不是更容易、更便捷吗？电子选举的倡议者指出，选举可以更快更方便地进行，而这使民主变得更加直接。多年来，瑞士和爱沙尼亚的一些州一直在收集数字化选举作为候补选项的经验。在此期间，将近 30% 爱沙尼亚人访问一个官方网站并下载一个程序，在这个程序里他们可以使用自己的身份证明认证身份，然后进行投票。最后，他们会再用一个 PIN 码认证身份然后寄出他们的选票。他们甚至可以在之后通过生成的二维码在另一个软件上检查他们的投票是否被顺利接收了。在管理方面，为了评估电子选票，需要一些只有选举委员会成员和外部的选举监督人员才持有的物理密钥，这样即使是官方也会承认投票的安全性。但是研究人员一次又一次地提醒注意这样一个事实，即，爱沙尼亚的系统也存在一些结构上的缺陷，以至于一些敌对国家可能会借此进行操控或者攻击。

选举是我们公民作为国家主权者所执行的最重要的民主任务之一，因此它必须被保护得很好，以免投票被操纵、投票机密被泄露。

就个人而言，我认为数字化投票越早到来越好。但是在最终开始进行在线选举之前，必须创建一些先决条件，以便该系统能够真正防止入侵。首先，必须确保只有有权投票的人才能进行有效投票。比如，可以寄出带有唯一标识号和密码的信件——类似于信用卡的 PIN 码。然后在登录时，应该可以在选举页面查验投票人的身份是否正确，是否有某位小偷邻居盗窃了选举信。在爱沙尼亚，电子身份证就被用于此种目的——理论上我们国家也有，但是只有少数人拥有相应的读卡器或者把它连接到了免费提供的身份证软件上。

为了避免选举数据在途中被截获，从家用计算机到各个州的选举服务器以及这个服务器本身的访问入口都需要被极其严谨地加密。相应的技术已经成熟并在几年前就投入使用了。

其次人们当然需要保证，即使是选举监督人员也不知道谁做出了什么决定，不然选举就不再是保密的。为此，电子选票必须用一种可以被评估，但不能单独被解密的形式进行加密。除此以外，潜在的攻击点还存在于投票者的计算机中，如果恶意软件或者病毒获得了选举软件的访问权限，那么它可以很简单地就删除选票。因此，爱沙尼亚人用上面提到的二维码来验证他们的选票是否被顺利传输了。

最后还有一点很重要，必须确保在日期截止之前，没有任何人可以访问电子传输过来的选票。这就是电子投票和邮寄投票非常相似的地方，因为即使在今天，也必须确保所有选票是在同一时间被统计的。

其他国家的事例也证明：电子投票在技术上是可行的，但它必须付出大量努力来保证不被篡改。德国是否会很快对此类系统进行投资并且投入使用电子投票，其实主要是一个政治问题。迄今为止，德国都表现得非常谨慎。但是在经过可怕的新冠肺炎疫情大流行之后，谁又知道我们有多愿意为此做出改变呢？

为什么最近我在每一个网站都必须输入OK？

任何像我一样因公或因私经常访问许多不同网站的人，每天都会在没有仔细查看的情况下签订无数协议。从很多年前开始，在我们访问任意一个网页的时候就会一直被询问，我们是否同意网页收集并处理我们的数据以及是否同意存储 Cookies。许多用户抱怨：这太糟糕了！因为窗口和消息不仅出现在每个页面的不同位置，而且它们甚至也没有统一标准，以至于我们在决定点击哪里之前不得不把每一个窗口都好好看一遍。最迟到欧洲《通用数据保护条例》（DSGVO）得到一致应用和遵守之后，公司已经没有机会再取消这类用户授权，这进一步增加了查询和确认按钮的数量。

DSGVO 本质上首先是一项消费者友好型措施，因为它要求收集我们数据的每家公司都要做到安全地存储数据，事先征得我们的同意，并在不再需要数据时将其删除。真是个好东西！又例如，多亏了 DSGVO，一家在线零售商店被禁止无限期地将他通过订单收集到的我的数据保存在没有任何防护措施的服务器上，或者甚至售卖给广告公司。在对违规行为实施了严厉的处罚之后，大多数公司反应非常迅速，乖乖地在获得每个数据之前都征得同意。这就是疯狂的开始，因为在现代互联网中真正的数据保护对我们用户来说也是一件令人身心俱疲的事。

一旦网站识别出我的 IP 地址、投放谷歌广告、使用谷歌分析工具或者集成媒体（比如油管视频），数据收集就开始了，因为谷歌广告公司的这些内容在大多数情况下也会收集用户数据。某些为了在每次访问时为回访用户提供个性化内容的特定 Cookies、点赞按钮、内置广告以及合作伙伴的内容也可以通过 OK 键得到我的同意并收集数据。这适用于大多数商业网站，无论大小，无论是博客还是商城，作为用户，我都必须同意所有网站的数据收集，用 OK 按钮或者一两个小勾，有时在左上角，是绿色的；有时在右下角，是红色的；有时横跨了整个屏幕。使用 Cookie 拦截器来防止毫无限制地被追踪的人通常会忍受更大的痛苦。因为在其他人在每个网页只需要获得一次许可然后将其存储在 Cookie 中的时候，拒绝这么做的人不得不每次都选择拒绝。我经常因此非常恼火，以至于我干脆很快就同意了 Cookies 的存储请求。

但是您猜怎么着？我对这些烦人的消息还挺高兴的。为了处理我的数据而收集同意向我展示了，严格遵循法律的数据保护是多么必要。因为这样我们才会不断注意到，互联网上对我们个人数据、兴趣和活动的收集是如此大规模，再也没有一个我们可以匿名冲浪于其中的网页。一个每天更新的测试显示我在 Chefkock.de 有 21 个追踪器，在 Focus.de 有 24 个，在 T-Online.de 有 23 个。

照这么说，互联网上对消费者最友好的数据保护形式应该是始终放弃收集任何个人数据，从而告别个性化广告。只有这样，运营商才能放弃法律上的提示。

我们需要一个联邦数字化事务部吗？

德国一家大公司的 CEO 在中小企业大会的舞台上说："我们不需要穿着白色运动鞋的数字董事会。毕竟我们也没有额外的电力理事会呀。"我听到观众中发出讥讽的笑声，这些笑声大多来自西装革履的中年男子。

我们的联邦政府在我看来有点像这次会议：虽然每个人都知道数字化很重要，但是人们可能用各种方式把它插入现有的体系中，然后搞出一团乱麻。

德国已经拥有数量庞大的数字化施工现场。您已经在本书中看到了其中很多例子：平台工作者的劳动保护、监控的限制、对欧洲数据模型的投资、数字化健康和教育部门的扩建等等。同时，德国的数字化程度较低，在国际上明显落后。德国正处于历史上最大的一场变革讨论中，希望我们还有足够的时间和金钱，不要错过这趟中转列车。

面对这项艰巨的任务，人们应该相信，一个强大的数字化事务部门的中央调控和衡量众多利益是很重要且必要的。但是到目前为止，德国一直不愿意将数字化任务集中在联邦层面，同时绝大多数州和城市层面也是如此。导致这种情况的原因之一是执政党之间各个部门的分配斗争。因为尤其是数字化的创新主题会极大提升各自负责的部门的价值并为他们提供额外的预算和权力。因此在德国，数字化这一重大问题在不同的职权范围有不同的发言人。每个仔细研究过这一混乱现状的人都能够想象，分摊责任并不一定带来快速决策。

每个部门都有负责数字化问题的小组和科室。他们管理项目和预算，启动计划并分配委员会。此外，勇敢的多萝西·贝尔（Dorothee Bär）被任命为第一任国家数字部长，她应该协调内容，但是没有足够的预算，因此无法做出很大的成就，"只是"向总理做报告。联邦交通和数字化基础设施部负责网络和整个数字化基础设施的扩建，包括著名的"德国死角"（没有网络覆盖的区域）。它的任务可能和联邦网络局的任务相混淆，后者受经济事务部的委托，是一个主要负责监管是否遵守电信法、宽带扩展以及促进网络竞争的部门。作为数字化驱动力的经济总体上是联邦经济事务和能源部的任务。它的主要议题是设立企业资助计划、工业 4.0 以及人工智能。内政部则负责安全、IT、数据保护以及数据管理。以前内政部旗下还有联邦数据保护和信息自由委员会，但现在这是一个独立的最高联邦机构。联邦外交部在数字化方面主要是关注数字时代的人权保护、网络外交政策和网络安全。联邦国防部不仅会关注网络安全，还会关注我国数字化防御领域的创新、设备和基础设施。联邦司法和消费者保护部负责数据保护法，但也关注数字社会中的消费者政策和数据道德。从劳动力市场这个角度来看，联邦劳动和社会事务部也考虑到了数字社会。联邦家庭事务部也制定了一个自己的"为了值得的生活的数字议程"。联邦教育研究部应该负责数字变革和科学领域的高科技策略。教育当然主要是国家的事情，因此这个领域内的数字化职责再次成倍增加。联邦财政部负责数字化金融市场政策，也负责数字化金融技术。联邦卫生部、食品和农业部、环境部、自然保护部和核安全部以及经济合作与发展部等部门则不太关心其部门的各个数字职权范围。此外，还有一个数字委员会，它应该就数字化有关的所有问题向联邦政府提出建议。这个部门包括时不时在总理府进言的科学家和经济学家。遗憾的是本书的篇幅不足以让读者继续了解德国联邦各州的结构，甚至是某个县或者某个城市的结构。因为在这里当然也有主题职责划分，而每个州的职责划分各不相同，因此我们并不总是能确定，为了在各州制定统一的数字政策，到底哪些部委之间必须进行商讨。

还有别的问题吗？

在重合度如此之高的责任划分下，德国竟然能够在全球数字世界中掺上一脚，这简直就是个奇迹。然而与美国和其他国家相比，德国的制度至少达到了最大化的民主。而且由于各部委负责部门众多，在进行重要的数字决策时，很少有目标群体受到商业企业利益的影响。这是以速度和创新为代价的，但可以确保理想状况下在通往数字化的道路上不会有任何人掉队。

尽管如此，还是期待德国能够统一数字化政策的职责分布，从而优先做出考虑并迅速推进决策——除此以外，还要在所有部门中牢牢抓住数字化的主题。具体来说，这意味着建立一个数字化事务部，它除了具有协调职能以外，还要为重要的关键项目和尽快扩展数字化基础技术提供足够的预算。谁知道呢，也许就在这本书在德国出版不久之后的 2021 年的联邦选举，就会给我们带来这个部门呢？这样的话我就可以和您一起举杯相庆了！或者，我们的政策走上了一条别的道路，并且也确保了不仅数字化主题和预算得到了全方位的分配，而且数字化的潜力也在各部门中被列为重中之重。

在听到观众恶意的笑声之后，中小企业大会上的那位董事长这样解释道："我们不需要数字化董事会，因为高水平的数字化能力在我们这儿是所有管理层最基本的就业要求。"中小公司的先生们对此表示沉默。

现在还存在没有互联网的国家吗？

由于不断被人提起的并且不算罕见的信号盲区而将德国作为这个问题的回答，已经是一个很平庸的笑话了。这个问题是在一次纽约学术研讨会的间隙提出的，在那里，一群拒绝数字化的人谈论了模拟时代和没有互联网的生活的乐趣。这些通过数字化赚钱的人，带着渴望的目光描述着没有 WiFi 的游船之旅和没有手机信号的印度尼西亚小岛。谁不知道呢？数字服务越多地支配我们的日常生活，我们就越想要一个属于模拟时代的平淡的地方。所以这个问题非常令人兴奋，世界上是否还存在没有任何数字基础设施的国家。

事实上不再有任何一个无法通过手机或者电缆访问互联网的国家。在短短 30 年间，互联网就覆盖了整个世界。世界上大概有 54% 的人口能够访问互联网，但是每个国家的使用密度当然有很大的不同。

人均统计用户最多的国家列表由安道尔领衔：在 76 965 名居民中，据说有 76 095 人在线——另外 870 人可能是婴儿。丹麦、挪威和瑞典等国家也凭借超过 95% 的使用人口率表现出色。而在名单的另一端是厄立特里亚（1.3%）和索马里（2%）。

顺便一提，德国以 86% 的比例还处于美国（75%）前面，因此在全球的比较中并不算很差。

"现在获取"（Access Now）计划计算出，在 2019 年，有 33 个国家／地区总共有 213 次互联网封锁，导致这些地方的无网络天数超过 1 700 天。来自世界各地的非政府组织报告说，近年来这种阻止网络访问的做法越来越频繁。

德国互联网自由程度在全球统计数据中排名前列，仅次于冰岛、爱沙尼亚和加拿大。德国人应该尽自己最大的努力来保持这个现状。

致　谢

　　如果没有大家在活动中提出的许多巧妙的问题，没有读者的反馈，或者没有邀请我参加他们的研讨会的书商、图书管理员、记者和组织者们的辛勤劳动，这本书就不会存在。是你们所有人为我们这个时代的挑战和机遇提供了生动的文化讨论。你们共同为新事物进行辩论、争论和惊叹的奉献精神和意愿是我们完成数字变革的先决条件！

　　我要感谢我的经纪人米夏埃尔·罗尔（Michaela Röll）多年来的信任合作以及她永不止步的讨论新项目的渴望，然后以可靠的方式推动它们走上正轨。感谢我的编辑卡特琳娜·福肯（Katharina Fokken），她如此迅速地为这本书加了一把火，并巧妙地将它介绍给了戈德曼和企鹅兰登书屋的许多优秀同事。在这些同事中，我特别想提到安杰·施泰因豪森（Antje Steinhäuser），他专业的校对提供了额外的清晰度和精确度。还要感谢 Politycki & Partner 网站，以及特别感谢斯蒂芬妮·斯坦（Stefanie Stein）对本书发布的专业支持。

我要对我的家人表示爱意和感谢，沃尔兰、汉内罗尔、维尔纳、克里斯蒂娜、埃里克和弗兰克，他们在我密集写作阶段用十足的耐心和充满好奇的谈话支撑着我，时不时在正确的时间点将我的侄子从书桌前引诱到花园里或乐高积木旁边。说到这里，我还要提到我的叔叔埃里希，他以 90 岁的高龄清醒地关注着数字化，经常在电话里和我讨论技术方面的问题。对知识的无限渴求是我们家的一个特点！

为了这本书，我还要感谢作为我朋友和顾问的萨沙，他提供了许多与本书内容相关的实际问题。曼努埃尔为这个项目规划了最初的雏形；甚至在初稿之前，他就确定了这本书必要的简单结构，还反复提醒我要使这本书易于理解并富有娱乐性。我要感谢尼娜、米尔克、尤金、埃尔德曼、斯文尼亚、马库斯、斯蒂文、埃尔辛、尼克、凯文、罗伯托、多萝西、赛达、马蒂亚斯，整个 Sonophilia 网络和我的朋友们，感谢他们在每个科学领域的帮助，专业方面的解释说明，还有他们的友谊和陪伴。